Führen

Thomas Daigeler
Prof. Dr. Wolfgang Krüger

Inhalt

Teil 1: Führungstechniken

Teil 2: Teams führen

Teil 1: Führungstechniken

Vorwort

Führungskräfte stehen zunehmend unter Druck: Sie müssen anspruchsvolle Unternehmensziele in einem immer härteren Wettbewerb realisieren. Dabei setzt sich die Erkenntnis durch, dass Ergebnis- und Mitarbeiterorientierung nicht in Konkurrenz zueinander stehen. Vielmehr sind qualifizierte und verantwortungsbewusste Mitarbeiter die Voraussetzung und die wichtigste Ressource, um langfristig in einem immer engeren Markt bestehen zu können.

In der Praxis zeigt sich die Qualität der Mitarbeiterführung in einer professionellen Anwendung der Führungstechniken. Deshalb sollten Sie diese Instrumente grundsätzlich kennen. Daneben ist es aber auch notwendig, diese Techniken vor dem Hintergrund eines modernen kooperativen Führungsverständnisses neu zu interpretieren und einzusetzen.

Der TaschenGuide „Führungstechniken" vermittelt Ihnen in kompakter und praxisnaher Form das entsprechende Wissen für Ihre erfolgreiche Führungspraxis.

Was ist Führung?

Führungskräfte sind heute mehr denn je Partner und weniger denn je Vorgesetzte ihrer Mitarbeiter.

In diesem Kapitel lesen Sie,

- welche Rolle Sie als Führungskraft spielen,
- welche Grundkompetenzen Sie als Führungskraft brauchen und
- was das moderne Führungsverständnis ausmacht.

Führung ist Bewältigung von Komplexität

Führung ist notwendig, damit ein Unternehmen seinen grundsätzlichen Auftrag, Gewinn zu erwirtschaften, verwirklichen kann. Sie legitimiert sich zunächst aus dieser ergebnisbezogenen Funktion. Die Unternehmensziele werden andererseits nur mit Hilfe der Mitarbeiter erreicht. Insofern orientiert Führung sich nicht allein an der Aufgabe, sondern immer auch an den Bedürfnissen und Anforderungen der Mitarbeiter.

Die hohe Aufmerksamkeit, die traditionell allein der Führungskraft galt, findet heute zunehmend ihr Gegengewicht in der Einbeziehung der Mitarbeiter. Diese Tendenz beruht auf der Erkenntnis, dass Organisationen ab einer bestimmten Komplexitätsstufe nicht mehr von einem Einzelnen allein geführt werden können.

Früher war es noch denkbar, dass der Chef eines Unternehmens alle Informationen und alles Fachwissen an sich zieht und auf diese Weise gute und sinnvolle Entscheidungen trifft. In der heutigen, durch Spezialisierung und Informationsflut geprägten Zeit ist dieser Weg für eine einzelne Führungskraft kaum noch gangbar. Führen wird immer mehr zu einer Aufgabe der Komplexitätsbewältigung, die nur erfüllt werden kann, wenn Mitarbeiter und Fachexperten einbezogen werden. Dies wirkt sich auf den Führungsstil genauso aus wie auf die notwendigen Führungskompetenzen, und auch die Führungstechniken müssen immer von neuem überdacht werden.

> Führen heißt, andere Menschen zielgerichtet in einer formalen Organisation und unter konkreten Umweltbedingungen dazu zu bewegen, Aufgaben zu übernehmen und auszuführen, wobei menschliche Ansprüche wie gegenseitige Fairness und Offenheit gewahrt werden.
>
> (Nach Oswald Neuberger)

Welche Kompetenzen braucht die Führungskraft?

Sie sind angehende Führungskraft oder Sie führen bereits Mitarbeiter? Dann zeigt Ihnen folgende Übersicht, über welche Kompetenzen Sie verfügen sollten, um Ihre Aufgaben zu bewältigen.

Fachkompetenz

Zur Führungskraft wird man, weil man sich als Fachkraft hervorgetan hat. Insofern verfügen Führungskräfte natürlicherweise über Fachkompetenz. Diese ist allerdings keine Führungskompetenz im engeren Sinn, da sie sich nicht auf das Führen von Mitarbeitern bezieht. Je höher man in der Führungshierarchie aufsteigt, desto umfassender werden die Führungsaufgaben. Eine Gefahr liegt darin, die Fachaufgaben nicht in entsprechendem Umfang abzugeben, weil man sich in der vertrauten Rolle der Fachkraft sicherer fühlt als in der noch ungewohnten Rolle der Führungskraft. Richten Sie Ihre Aufmerksamkeit gezielt auf diejenigen Ergebnisse, die Sie mit Hilfe der im Folgenden beschriebenen spezifischen Führungskompetenzen erreichen.

Prozess- und Methodenkompetenz

Eine zentrale Führungsaufgabe besteht darin, die Tätigkeiten in einem Unternehmen auf ein bestimmtes Ziel auszurichten. Dazu brauchen Sie Methoden und Techniken zur Planung, Organisation und Steuerung. Es ist Ihre Aufgabe, Unternehmensziele in Teilziele zu untergliedern und diese mit den Zielen der Mitarbeiter in Einklang zu bringen. Entscheidungen müssen getroffen, Projekte initiiert und Ergebnisse kontrolliert werden. In diesem Kompetenzbereich geht es um aufgabenbezogene Führungstechniken.

Sozial-kommunikative Kompetenz

Ziele werden durch Mitarbeiter verwirklicht. Wollen Sie Mitarbeiter mit unterschiedlichen Charakteren und Fähigkeiten zu einem Team zusammenführen und auf ein gemeinsames Ziel ausrichten, so sind Ihr Einfühlungsvermögen, Ihr Kommunikationstalent und viele weitere Soft Skills gefordert. Anerkennung für geleistete Arbeit ist genauso wichtig wie konstruktive Kritik. Hier sind sowohl mitarbeiter- als auch teambezogene Führungstechniken gefragt.

Integrative Kompetenz

Kein Erfinder bringt heute sein Produkt allein auf den Markt. Die kreativen Köpfe müssen sich mit Technikern, Produktmanagern, Marketingfachleuten und vielen mehr zusammensetzen und abstimmen. Die Vernetzung von Fachleuten und Mitarbeitern ist angesagt. Ein Unternehmen ist in viele Subsysteme untergliedert, deren Zusammenwirken koordiniert werden muss. Von der Führungskraft wird heute erwartet, dass sie Brücken über unterschiedliche Arbeits- und Abteilungskulturen schlagen kann. Mit einer hohen integrativen Kraft soll sie Konflikte entschärfen und Verhandlungen als Win-win-Situation für beide Parteien führen.

Selbstkompetenz

Verabschieden Sie sich von der Hoffnung, als Führungskraft jemals wieder einen aufgeräumten Schreibtisch zu haben, vor dem Sie entspannt sitzen. Die Komplexität der Führungssituationen und die Kombination aus Fach- und Führungsverantwortung sorgen für einen permanent gefüllten Terminkalender. Doch klagen hilft nichts. Von außen wird keine Rettung kommen. Ein erfahrener Segler beschwert sich nicht darüber, woher der Wind kommt, sondern übernimmt die Verantwortung dafür, wie er die Segel setzt. Das bezeichnet man als Selbstkompetenz. Sie umfasst die Beherrschung von Methoden der persönlichen Arbeitsorganisation und des Zeitmanagements.

Die Selbstkompetenz steht auch im Mittelpunkt der anderen Führungskompetenzen. Nur wer seine eigenen Ziele und Wertigkeiten kennt, wird hinsichtlich der anderen oft konkurrierenden Führungsanforderungen die angemessenen Prioritäten setzen können.

Die Elemente der Führungskompetenz

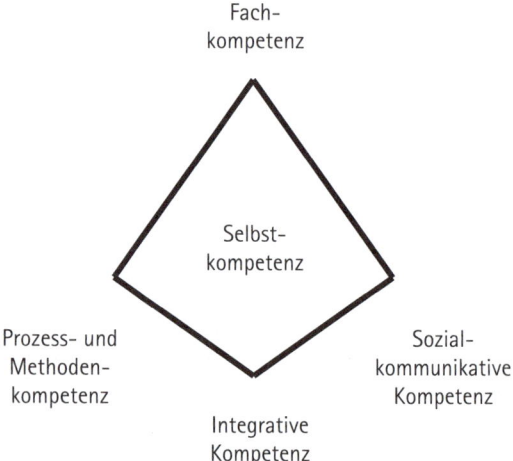

Fach-
kompetenz

Selbst-
kompetenz

Prozess- und
Methoden-
kompetenz

Sozial-
kommunikative
Kompetenz

Integrative
Kompetenz

Die Führungskraft als Coach

Die autoritäre Führung hat ausgedient. Qualifizierte Mitarbeiter streben in ihrer Arbeit nach Selbstverwirklichung und wollen Verantwortung übernehmen. Was zunächst eher lästig wirkt, weil selbstständige Mitarbeiter leider zuweilen auch widerständige Mitarbeiter sind, ist auf den zweiten Blick ein Glücksfall. Denn genau auf diese hoch motivierten, verantwortungsbereiten Menschen sind Sie angewiesen, wenn Sie eine komplexe Organisation führen wollen. Delegation meint dann nicht nur die Anweisung einer Aufgabe, sondern die Übertragung von Verantwortung an einen Mitarbeiter, dessen

Einsatzbereitschaft und Fähigkeiten Sie genau kennen. Moderne Führung ist ein wechselseitiger Prozess zwischen Führendem und Geführten auf der Grundlage gegenseitigen Vertrauens.

Ein neues Führungsverständnis

Ihre neue Rolle als Führungskraft: Sie sind nicht nur Vorgesetzter, sondern vor allem interner Dienstleister, der seine Mitarbeiter unterstützt und fördert. Sie werden zum ersten Personalentwickler der Ihnen anvertrauten Mitarbeiter oder auf Neudeutsch: zu deren Coach. Die Zielerreichung ist Ihr sachlicher Auftrag als Führungskraft, Coaching bedeutet darüber hinaus den Einsatz von Methoden, die dazu dienen, das Ziel gemeinsam mit Ihren Mitarbeitern zu verwirklichen.

Der Coach ist im ursprünglichen Wortsinn der Kutscher eines Fuhrwerks. Heute verbindet man mit dem Begriff oft den Trainer im Sport, der sich auch um die mentale Verfassung der Sportler kümmert. Coaching beruht auf drei Einsichten:

- Das Engagement und die Kreativität der Mitarbeiter sind in Zeiten, in denen Produkte problemlos kopiert werden können, der entscheidende Wettbewerbsvorteil.

- Die Qualifizierung der Mitarbeiter muss über die Vermittlung von Fachwissen hinausgehen und die Vermittlung von Soft Skills wie Teamfähigkeit einbeziehen.

- Die Führung und Förderung der Mitarbeiter muss individualisiert werden, das heißt, jeder Mitarbeiter braucht eine seiner Situation und seinen fachlichen und sozialen Fähigkeiten angemessene Führung.

Dieses neue Führungsverständnis zeigt sich nicht zuletzt in neuen Führungstechniken wie dem Mitarbeiter-Jahresgespräch, in dem die Bedürfnisse des Mitarbeiters und die Unternehmensziele aufeinander abgestimmt und Fördermaßnahmen erarbeitet werden (siehe Abschnitt „Das Mitarbeiter-Jahresgespräch").

Welche Haltungen zeichnen die Führungskraft aus?

Im Führungsalltag werden häufig Gelegenheiten versäumt, Mitarbeiter weiterzuentwickeln, das heißt, sie dabei anzuleiten, ihre fachlichen und sozialen Fähigkeiten zu verbessern und zu erweitern.

Beispiel: Was Mitarbeiterentwicklung nicht ist

 Der Mitarbeiter hat ein größeres Problem. In der Krise läuft er zum Chef mit dem Appell „Rette mich". Der Vorgesetzte antwortet reflexartig vor dem Hintergrund seiner reichen Erfahrung und seiner Entscheidungsbefugnis, indem er eine Lösung präsentiert.

Doch was kurzfristig die Problemlösung beschleunigt, erweist sich langfristig als Nachteil: Der Mitarbeiter lernt nicht, selbst an der Lösung mitzuarbeiten, und er wird nicht dazu angeregt, seine eigenen Ressourcen und Fähigkeiten weiterzuentwickeln. Als Coach bleiben Sie deshalb Ihren Mitarbeitern in Situationen, die dies erlauben, schnelle Antworten schuldig. Vielmehr fordern Sie diese dazu auf, Verantwortung für die Situation zu übernehmen und das Problem eigenständig zu analysieren. Auf diese Weise geben Sie ihnen die Möglichkeit, selbst nach Lösungen zu suchen.

Beispiel: So coachen Sie Ihren Mitarbeiter

 Der Mitarbeiter kommt mit einem Problem zu Ihnen. Statt Ratschläge zu geben fördern Sie seine eigenen Problemlösefähigkeit mit folgenden Fragen: „Was haben Sie bisher zur Lösung des Problems unternommen? An welcher Stelle der Umsetzung scheitert Ihre eigentlich gute Idee? Was fehlt, um die Realisierung zu ermöglichen? Welche Unterstützung brauchen Sie von mir?"

Ein guter Coach sollte die folgenden, dem Selbstverständnis des traditionellen Vorgesetzten entgegenstehenden Verhaltensgrundsätze beachten:

- Der Coach (be-)lehrt nicht, sondern hilft zu lernen.

- Er nimmt eine aufmerksame und suchende Haltung ein und schenkt dem Mitarbeiter Freiraum, damit dieser sich unter seiner Anleitung mit dem Problem befassen kann.

- Er begegnet dem Mitarbeiter in der Haltung des „aktiven Zuhörens", das heißt, er nimmt nicht nur die sachliche Information auf, sondern auch die Bedeutung, die die Sache für den Mitarbeiter hat.

- Er hält sich zurück und verzichtet auf schnelle Antworten. Stattdessen weist er mit Fragen den Weg zu einem tieferen Verständnis der Situation.

- Er verhält sich ziel- und lösungsorientiert.

Checkliste: Erste Orientierung über Ihre Coaching-Qualitäten

	ja	nein
Ich bin neugierig auf die Sichtweisen und Meinungen meiner Mitarbeiter.		
Es fällt mir leicht, meine Lösungsideen zurückzuhalten und nicht für alles gleich einen Ratschlag parat zu haben.		
Ich kann gut zuhören und nehme auch die persönlichen, zwischen den Zeilen mitgeteilten Anliegen wahr.		
Ich kenne verschiedene Frageformen, um die geschilderte Situation zu konkretisieren und die Selbstreflexion des Mitarbeiters zu vertiefen.		
Probleme frustrieren mich nicht, da ich ein zielorientierter Mensch bin.		
Ich rege die Mitarbeiter an, sich Rückmeldung von anderen zu holen, um ihre persönlichen Kompetenzen zu entwickeln.		
Ich nehme selbst die Unterstützung durch andere gerne an.		

Grundlegende Führungstechniken

Ohne dass Sie Ihre Mitarbeiter nach objektiven Kriterien beurteilen und ihnen Ziele setzen, können Sie nicht erfolgreich führen.

Lesen Sie in diesem Kapitel, wie Sie

- die Arbeitsleistung Ihrer Mitarbeiter korrekt einschätzen,
- mit Ihren Mitarbeitern Ziele vereinbaren und
- das Mitarbeiter-Jahresgespräch richtig gestalten.

Mitarbeiter beurteilen

Auch wenn es manchmal unangenehm ist: Die Einschätzung der Arbeitsleistung und der Fähigkeiten der Mitarbeiter ist eine unumgängliche und immer wiederkehrende Aufgabe. Doch die Mühe lohnt sich, denn erst eine fundierte Beurteilung erlaubt Ihnen

- einen Austausch und Abgleich der gegenseitigen Vorstellungen und Erwartungen,
- eine detaillierte Rückmeldung über die erbrachte Arbeitsleistung,
- eine bedarfsgerechte, individuelle Personalentwicklung,
- qualifizierte und transparente Personalentscheidungen,
- einheitliche und vergleichbare Beurteilungen aller Mitarbeiter.

Was beurteilen Sie?

In der betrieblichen Praxis stehen drei Themenfelder im Mittelpunkt der Beurteilung:

- Arbeitsleistung: Hier geht es um die in der Vergangenheit erbrachte Leistung des Mitarbeiters. Die erreichten Ergebnisse können quantitativ und/oder qualitativ beschrieben werden.
- Kompetenzen und Arbeitsverhalten: Verfügt der Mitarbeiter über die fachlichen Fähigkeiten, um angemessene Leistungen zu erbringen? Mit welchen Verhaltensweisen und

Einstellungen erreicht er das Ziel? Passen diese zur Unternehmenskultur?

- Potenziale: Hier sollte sich die Führungskraft fragen, inwieweit der Mitarbeiter für Aufgaben jenseits seines momentanen Tätigkeitsbereichs geeignet ist. Unternehmensbedarf und Karriere werden aufeinander abgestimmt.

Wie gehen Sie vor?

Eine vollständige Beurteilung erfolgt in drei Schritten anhand einer Reihe von Hilfsmitteln.

Schritt	Hilfsmittel
Beobachten	– Notizen persönlicher Beobachtungen
	– Checklisten
Beurteilen	– Stellenbeschreibung
	– Anforderungsprofil
	– Katalog mit Beurteilungskriterien
Besprechen	– Beurteilungsformular
	– Checklisten

Schritt 1: Beobachten

Eigentlich selbstverständlich: Vor der Beurteilung steht die Beobachtung. In der Praxis fällen wir dennoch oft unser Urteil schon lange bevor wir uns bewusst gemacht haben, was wir eigentlich beobachtet haben.

Wahrnehmung ist immer subjektiv

Die Beurteilung wird in diesem Fall zu einem höchst subjektiven Vorgang, dessen Ergebnis der Mitarbeiter vorsichtshalber skeptisch betrachtet. Seien Sie also darauf bedacht, Beobachtungsfehler und -verzerrungen zu vermeiden, denn dies ist eine unabdingbare Voraussetzung für ein faires Beurteilungsgespräch. Unterscheiden Sie dazu bewusst zwischen den folgenden vier Vorgängen:

1 der Wahrnehmung an sich,

2 der Interpretation des Wahrgenommenen,

3 den dadurch ausgelösten Gefühlen und

4 der aus Ihren Wahrnehmungen und Gefühlen resultierenden Beurteilung.

> Jede Beobachtung, auch diejenige des Vorgesetzten, kann falsch sein.

Mögliche Beobachtungsfehler

Wahrnehmung ist immer ein selektiver Prozess, der streng genommen mehr über die Urteilsfähigkeit des Beobachtenden als über den Beurteilten selbst aussagt. Jede Beurteilung kann deshalb durch eine ganze Reihe von Beobachtungsfehlern verzerrt werden:

Fehler in der Informationsgewinnung:

- Vorschnelle Beurteilung ohne repräsentative Beobachtungen über einen längeren Zeitraum,

- durch subjektive Vorlieben geschönte oder selektierte Informationen mit denen man geheime Absichten verfolgt.

Persönlichkeitsbedingte Wahrnehmungsverzerrungen:

Viele Beurteilungsfehler haben mit der Persönlichkeit der Führungskraft zu tun. Hier einige der wichtigsten Verzerrungen, die sich ergeben, weil der Beobachtende quasi nicht anders kann:

- **Der nachsichtige Beurteiler** – Er liebt die Harmonie, schaut großzügig über Fehler hinweg und ist froh, wenn rechtfertigende Erklärungen des Mitarbeiters es ihm ersparen, Konsequenzen zu ziehen. Die Beurteilungen fallen zu positiv aus.

- **Der fordernd-strenge Beurteiler** – Das eigene rastlose Streben nach dem Idealzustand wird zum strengen Maßstab für die anderen. Herausragende Leistung ist der selbstverständliche Normalzustand. Die Beurteilungen sind zu streng.

- **Der vorsichtig-zurückhaltende Beurteiler** – Ihm fehlt der Mut, sich festzulegen und Unterschiede zwischen den Mitarbeitern offen auszusprechen. Seine Einschätzungen sind schwammig und ohne Profil.

- **Vorurteile** – Kein Mensch ist frei von Vorurteilen. In ihnen spiegeln sich unsere Lebenserfahrung und bestimmte Einstellungen wider, die sich in anderen Situationen bewährt haben. Wichtig ist, sich der eigenen Vorurteile bewusst zu werden.

Allgemeine Wahrnehmungsverzerrungen:

Nicht zuletzt die wichtigsten Verzerrungen, für die wir alle anfällig sind, unabhängig von unserer Persönlichkeit:

- **Überstrahlungseffekt** – Wir schließen von einem einzelnen, besonders auffälligen Charaktermerkmal auf das Gesamtbild des Mitarbeiters. Eine einmalige, als positiv oder negativ wahrgenommene Verhaltensweise überstrahlt alle neuen Wahrnehmungen.

- **Aktualitätseffekt** – Die noch frischen Erinnerungen aus der jüngeren Vergangenheit, ob gut oder schlecht, prägen den Gesamteindruck.

- **Sympathieeffekt** – Uns nahe stehende Menschen beurteilen wir oft entweder großzügig positiv oder im Gegensatz dazu negativ, wenn wir ihnen mehr zumuten als anderen und wenn wir höhere Erwartungen an sie stellen.

- **Hierarchieeffekt** – Mitarbeiter höherer Hierarchiestufen werden tendenziell aufgewertet. Titel und Status beschönigen die Wahrnehmung. Die Beurteilung orientiert sich an der bisherigen Karriere statt an konkreten Gegebenheiten.

Wie Sie Fehler vermeiden

Die obige Auflistung macht es deutlich: Es ist nicht leicht, die Verhaltensweisen Ihrer Mitarbeitern so wahrzunehmen, dass Sie damit die Grundlage für eine möglichst objektive Beurteilung schaffen. Einen Schritt in die richtige Richtung gehen Sie, wenn Sie sich die möglichen Wahrnehmungsverzerrungen bewusst machen und Ihre Beobachtungen immer wieder anhand der Liste überprüfen. Wichtig ist natürlich auch Ihre Grundeinstellung: Empathie und Interesse sind in diesem Zusammenhang Soft Skills, die es Ihnen ermöglichen, sich auf Ihre Mitarbeiter besser einzustellen.

> Versuchen Sie, neugierig auf Ihre Mitarbeiter und offen für deren Sichtweisen zu sein. So vermeiden Sie vorschnelle Etikettierungen und Schubladendenken.

Schritt 2: Beurteilen

Zur Beurteilung gibt es eine Reihe verschiedener Verfahrensweisen, die jeweils ihre Vor- und Nachteile haben.

Freie Eindrucksschilderung

Rückmeldungen dieser Art berücksichtigen in hohem Maß die individuelle Situation des Mitarbeiters und fördern den offenen Dialog. Allerdings sollten Sie dazu über ausgeprägte rhetorische Fähigkeiten verfügen, weil die Darstellung Ihres Eindrucks sonst oberflächlich oder verletzend ausfallen kann. Ungeeignet sind sie für Gehaltsabstimmungen und Personalentscheidungen, da sie keine Vergleiche erlauben und einen eher subjektiven Charakter haben.

Standardisierte Beurteilung

Bei diesem am häufigsten verwendeten Beurteilungssystem sind die Beurteilungskriterien und die Bewertungsstufen vorgegeben. Viele Unternehmen benutzen dafür klar strukturierte Beurteilungsformulare. Die Kriterien bezeichnen meist persönliche Eigenschaften des Mitarbeiters, die anhand einer vorgegebenen Skala mit üblicherweise fünf bis sieben Abstufungen benotet werden. Voraussetzung des Verfahrens ist die Wahl sinnvoller Beurteilungskriterien. Die Vorteile: Die Ergebnisse sind besser vergleichbar und der Prozess ist standardisiert. Nachteile sind, dass die Führungskraft dabei anfälliger ist für Beurteilungsfehler oder sich beim Gespräch auf die verlangten Beurteilungsmerkmale beschränkt. Nicht zuletzt besitzt die Note nur eine geringe Aussagekraft über die Person, was häufig zu Kränkungen des Beurteilten und selten zu Verbesserungen in der Zukunft führt.

Beispiel: Notenskala zur Mitarbeiterbeurteilung

Kriterium Kontaktfähigkeit

++	+	0	–	– –
sehr gut	gut	zufrieden- stellend	aus- reichend	unzu- reichend
Findet auch zu schwieri- gen Men- schen leicht Kontakt		Unkompli- ziert im Kontakt, wird von anderen akzeptiert		Verhält sich zu- rückhal- tend und ängstlich, wenig eigene Initiative

Rangordnungsverfahren

Die Mitarbeiter werden miteinander verglichen und zum Beispiel anhand ihrer jeweiligen Leistung in eine Reihenfolge gebracht. Diese Vorgehensweise erweist sich als sehr zuverlässig, schürt aber das Konkurrenzdenken. Sie sollte deshalb nur ergänzend zu anderen Verfahren angewendet werden.

Zielorientierte Verfahren

Mitarbeiter sollen vorher wissen und mitbestimmen können, woran sie später gemessen werden. Dies geschieht, indem die Führungskraft und der Mitarbeiter sich in einem Gespräch darauf verständigen, welche Ziele bis zu einem bestimmten Zeitpunkt erreicht sein sollen. Die Ziele bilden also die Grundlage für ein Gespräch über wichtige Arbeitsinhalte und zugleich den Maßstab der Beurteilung. Dieses Verfahren, das Führen mit Zielen, hat den Vorteil, dass Erfordernisse der aktuellen Arbeitssituation und die individuellen Bedürfnisse und Fähigkeiten des Mitarbeiters in besonderem Maße berücksichtigt werden können.

Beurteilungskriterien

Zur Beurteilung Ihrer Mitarbeiter gibt es eine ganze Reihe von Kriterien.

Beurteilungskriterien	
Leistung	• Arbeitsmenge
	• Arbeitsqualität
	• Arbeitseffizienz
	• Belastbarkeit
	• Flexibilität
Fachkompetenz	• Fachwissen
	• Kostenbewusstsein
Methodenkompetenz	• Organisationsgeschick
Soziale Kompetenz	• Durchsetzungsvermögen
	• Kommunikationsfähigkeit
	• Teamfähigkeit
	• Konfliktfähigkeit
	• Führungskompetenz
Selbstkompetenz	• Eigeninitiative
	• Entscheidungsfreude
	• Zielorientierung
	• Verantwortungsbereitschaft
	• Lernfähigkeit
	• Kreativität
	• Überblick
	• Engagement

Die Auswahl der Beurteilungskriterien sollte immer vor dem Hintergrund der Anforderungen des konkreten Arbeitsplatzes erfolgen: Welche Aufgaben stehen an, welche Arbeitsergebnisse sind gewünscht, welche Fachkompetenzen und Verhaltensweisen notwendig? Wählen Sie die für die Tätigkeit Ihrer Mitarbeiter wichtigsten Kriterien und beschränken Sie deren Zahl auf ein Dutzend, damit Sie die Übersicht behalten.

Im Bereich der Soft Skills werden oft persönliche Eigenschaften formuliert, die streng genommen nur ein psychologisch Fachkundiger gerecht beurteilt kann. Beschreiben Sie im Zweifelsfall die in der Zusammenarbeit konkret beobachtbaren Verhaltensweisen. Diese sind aussagefähiger und weniger etikettierend.

Beispiel: Beurteilung von Soft Skills

Eigenschaft: „Frau Natz ist konfliktfähig."
Verhaltensbeschreibung: „Frau Natz klärt die Beschwerden der Kunden über einen Kollegen im direkten Kontakt. In Streitfällen nimmt Sie eine vermittelnde Position ein."

Schritt 3: Die Beurteilung besprechen

Der Beurteilte steht dem Beurteilungsgespräch oft skeptisch gegenüber und verhält sich reserviert. Dem liegen Gefühle des Ausgeliefertseins zugrunde: Was denkt der Vorgesetzte über ihn? In welche Schublade wird er eingeordnet? Wird der Vorgesetzte bereit sein, die Sicht des Mitarbeiters einzubeziehen? Mit welchen Konsequenzen ist zu rechnen?

Hinzu kommt, dass Mitarbeiter von ihren Vorgesetzten abhängig sind. Deshalb haben nur wenige den Mut, dem Vorgesetzten freimütig zu sagen, ob sie sein Urteil für richtig oder falsch halten.

Auch für Sie als Führungskraft ist ein Beurteilungsgespräch nicht immer leicht, denn es verlangt eine Sensibilität im Umgang mit dem Mitarbeiter, die im Alltag wenig eingeübt ist. Deshalb ist es nachvollziehbar, dass Beurteilungsgespräche oft in enger Anlehnung an ein Beurteilungsformular stattfinden, das eine sichere Struktur vorgibt.

Die Gefahr eines solchen Formulars besteht darin, dass Sie es wie eine Checkliste abhaken, nur die vorgegebenen Themen ansprechen und sich auf die Vergabe der Bewertungsnoten konzentrieren. Die Arbeitsleistung, die Bereitschaft zur Zusammenarbeit und die Motivation des Mitarbeiters werden dadurch selten verbessert. Wie Sie detailliert bei einem solchen Gespräch vorgehen, das in der Praxis oft das Mitarbeiter-Jahresgespräch ist, können Sie im Abschnitt „Das Mitarbeiter-Jahresgespräch" lesen.

Checkliste: Beobachtung und Beurteilung

- Trennen Sie zwischen Beobachtung und Beurteilung.

- Vermeiden Sie die vorschnelle Bewertung Ihrer Beobachtungen.

- Beurteilen Sie Ihren Mitarbeiter erst endgültig im Gespräch mit ihm.

- Das Verhalten und die Leistung des Mitarbeiters hängen von wechselnden Umfeldbedingungen ab. Deshalb sollten Sie diese in die Beurteilung mit einbeziehen.

- Bei der Sammlung der Beobachtungen den Bezug zur Stellenbeschreibung und zum Anforderungsprofil herstellen.

- Betrachten Sie schon bei der Beobachtung die Persönlichkeit des Mitarbeiters nicht als Eigenart, sondern als Bereicherung Ihres Teams.

- Richten Sie das Augenmerk auf konkrete Verhaltensweisen in der Zusammenarbeit, weniger auf Charaktereigenschaften.

- Beobachten Sie in kritischen Situationen über einen längeren Zeitraum.

- Schreiben Sie zur Versachlichung Stichworte auf.

- Hauptsache, die Hauptsache bleibt die Hauptsache! Lassen Sie bedeutungslose Pannen und Gerüchte außer Acht.

- Wie würden Sie das Verhalten des Mitarbeiters beurteilen, säße ein anderer aus Ihrem Team an dessen Stelle?

- Vermeiden Sie verletzende Vergleiche. In Vergleichen zu denken, eröffnet neue Sichtweisen, sie auszusprechen, verletzt.

- Wie können Sie Ihren Mitarbeiter in fachlicher und persönlicher Hinsicht fördern?

Führen mit Zielen

Jede Organisation ist ihren grundsätzlichen Unternehmens-zielen verpflichtet. Erfolgreiche Führungskräfte verstehen es, ihre Mitarbeiter für diesen übergeordneten, unternehmeri-schen Auftrag zu gewinnen. Jede Organisation ist aber auch ihren Mitarbeitern verpflichtet. Produkte kann man kopieren, Mitarbeiter nicht. Sie sind einzigartige Ressourcen, die mit ihrem Engagement unter dynamischen Umfeldbedingungen notwendige Veränderungen anregen und umsetzen. Wollen Sie wirksam führen, sollten Sie deshalb einem Thema größte Aufmerksamkeit schenken: Sie müssen die übergreifenden wirtschaftlichen Ziele des Unternehmens mit den persönli-chen Zielen und Potenzialen der Mitarbeiter abgleichen.

Die Grundidee

Die bestechende Idee des Führens mit Zielen (gebräuchlich ist auch der Begriff „Management by Objectives", MbO) besteht darin, die zwei grundlegenden Führungsdimensionen, nämlich die Ergebnis- und die Mitarbeiterorientierung, miteinander zu verbinden. Dazu stellen Sie nicht die konkreten Aufgaben in den Mittelpunkt, sondern die übergeordneten Ziele, die Sie mit Ihren Mitarbeitern vereinbaren. Die Mitarbeiter erhalten dadurch mehr Verantwortung und Handlungsspielraum für die konkreten Maßnahmen zur Umsetzung der Ziele. Der große Nutzen für das Unternehmen ist, dass die Motivation der Mitarbeiter steigt und sie mehr Eigeninitiative entwickeln. Aus Mitarbeitern werden Mitunternehmer, die in der Art und Weise der Aufgabenerfüllung relativ frei agieren und im Gegenzug an der Zielerreichung gemessen werden.

> Ein Ziel ist ein in der Zukunft liegender, erstrebenswerter Zustand.

Ziele sind notwendig,

- um Wichtiges von Unwichtigem unterscheiden und Prioritäten setzen zu können,

- um Aktivitäten in Gang zu bringen und zu koordinieren,

- um Lösungen und Ergebnisse beurteilen zu können,

- um Eigenverantwortung und Selbststeuerung zu ermöglichen,

- um Mitarbeiter zu motivieren und für den Unternehmensauftrag zu sensibilisieren.

Ziele richtig formulieren

Eine gelungene Zielformulierung trägt wesentlich zum Erfolg des Führens mit Zielen bei. Nur wenn ein Ziel in einer messbaren Größe ausgedrückt ist, lässt sich eindeutig entscheiden, inwieweit es erreicht wurde. Ein prägnant formuliertes Ziel ermöglicht Ihnen die Kontrolle des Arbeitsergebnisses und die Beurteilung einer etwaigen Soll-Ist-Abweichung. Achten Sie darauf, dass Sie die Ziele, für die Sie die Verantwortung tragen, im Einklang mit der SMART-Formel formulieren:

s = spezifisch

m = messbar

a = anspruchsvoll, attraktiv, allein erreichbar

r = realistisch

t = terminiert

- Spezifisch
  bedeutet, den Inhalt so konkret und gleichzeitig so knapp wie möglich zu formulieren. Vorsicht: Beschreiben Sie nicht Aufgaben!

- Die Messbarkeit
  verlangt, dass Sie eindeutige quantitative oder qualitative Kriterien verwenden, anhand derer Sie den Grad der Zielerreichung prüfen können.

- Ein anspruchsvolles Ziel
  spornt den Mitarbeiter an und weckt die in ihm verborgenen Potenziale. Bedenken Sie aber auch, dass ein Ziel demotivierend wirkt, das trotz aller Anstrengung nicht

erreichbar ist, weil es schlicht und einfach zu hoch gesteckt ist. Der Mitarbeiter sollte – trotz äußerer Einflüsse und auch dann, wenn er mit anderen im Team arbeitet – den Grad der Zielerreichung maßgeblich allein beeinflussen können, zumindest im ersten Schritt. Anderenfalls kann er schwerlich für Zielverfehlungen zur Verantwortung gezogen werden.

- Realistisch
  steht für die prinzipielle Erreichbarkeit des Ziels. Stellen Sie sicher, dass Ihrem Mitarbeiter die für die Umsetzung des Zieles notwendigen Ressourcen zur Verfügung stehen.

- Terminiert
  verlangt die Nennung einen Zeitpunktes, zu dem der gewünschte Endzustand spätestens eingetreten sein soll. Begnügen Sie sich nicht mit der Vorgabe eines Zeitraums, sondern halten Sie ein konkretes Datum fest. So vereinfachen Sie sich und Ihrem Mitarbeiter die Kontrolle.

Ein weiterer, wichtiger Punkt bei der Zielformulierung ist: Formulieren Sie die Ziele so, als wäre der gewünschte Zustand bereits eingetreten. Sie werden dadurch griffiger und leichter kontrollierbarer. Und nicht zuletzt: Motivierende Ziele sind immer attraktiv, das heißt positiv formuliert.

Beispiele: smart oder nicht?

Falsch	Richtig
„Die Kunden sollen nicht mehr so lange auf die Zustellung warten ..."	„Die Ware trifft spätestens drei Tage nach der Bestellung beim Kunden ein."
→ unattraktive Problembeschreibung	→ motivierende Beschreibung des gewünschten und messbaren Ergebnisses
„Die Produktivität im Werk Ottobrunn soll in nächster Zeit deutlich steigen."	„Die Produktivität in der Herstellung der Produktlinie Z im Werk Ottobrunn ist bis zum 1. März 20XX bei gleichem Personaleinsatz um 7 Prozent gestiegen."
→ unspezifisch, nicht terminiert, nicht messbar	→ spezifisch, terminiert, messbar
„Das Neukundengeschäft sollte bis zum 1. März 20XX um 10 Prozent wachsen."	„Bis zum 1. März 20XX hat Herr Rabus sieben Neukunden gewonnen."
→ abstrakt, nicht unmittelbar messbar	→ an einen konkreten Adressaten gerichtet, leicht messbar

Die Zielkaskade

Das Führen mit Zielen beginnt mit der bewussten Ausrichtung aller Aktivitäten auf übergeordnete Ziele. Aus der Unternehmensvision, dem Auftrag und den Werten werden zunächst die grundsätzlichen Unternehmensziele abgeleitet. Diese wiederum bilden den Ausgangspunkt für eine Zielkaskade: Für jeden Unternehmensbereich und jede Führungsebene werden in absteigender Folge untergeordnete Ziele bestimmt, bis hinunter auf die Ebene des einzelnen Mitarbeiters. Die mit diesem vereinbarten operativen Ziele stecken seinen Verantwortungsbereich ab, legen fest, was er zu den übergeordneten Zielen beitragen soll und geben seinem Handeln Richtung.

Die Zielkaskade

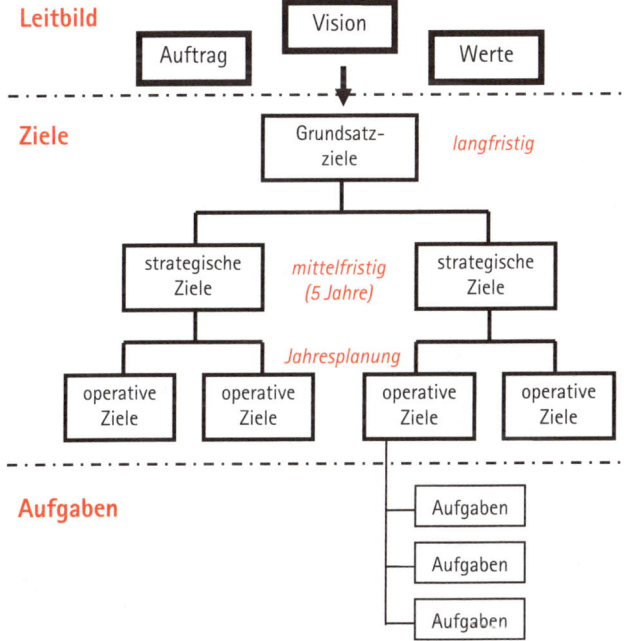

Schritt 1: Die Grundsatzziele klären

Um Mitarbeiter zielorientiert zu führen, müssen zunächst auf Geschäftsleitungsebene ein paar wenige Grundsatzziele formuliert werden, die den übergeordneten Gestaltungsauftrag für alle Mitarbeiter zum Ausdruck bringen. Typische Fragestellungen können hierzu sein:

- Welche Vision und welchen Auftrag verfolgen wir?
- Was erwarten unsere Kunden und die Anteilseigner von uns?
- Welches sind die wesentlichen Erfolgsfaktoren des Unternehmens?
- Aber auch: Welche Anreize für die Zielerreichung können wir bieten?

Schritt 2: Die Zielkaskade entwickeln

Die Grundsatzziele müssen nun in konkretere Ziele überführt werden, die für kürzere Zeithorizonte und für die einzelnen Verantwortungsbereiche entsprechend der Führungsebenen gelten.

In der Praxis hat es sich bewährt, aus den Grundsatzzielen strategische Ziele abzuleiten, die innerhalb von fünf Jahren erreicht werden können. Eine Führungskultur, die Verantwortung nach unten delegieren will, wird die mittlere Führungsebene, die für die Umsetzung dieser Ziele verantwortlich ist, in die Strategieentwicklung einbeziehen, da das Wissen der dort angesiedelten Führungskräfte und Spezialisten die Qualität der Ziele erhöht.

Anschließend werden aus den strategischen Zielen operative Ziele abgeleitet, die im Zeitraum von maximal einem Jahr erreichbar sind. Denken Sie dabei in konkreten Ergebnissen, an denen Sie und Ihre Mitarbeiter gemessen werden können.

Die Basis der Zielkaskade bilden schließlich einzelne Aufgabenpakete, die nach Maßgabe der operativen Ziele gebildet wurden.

Die Kaskade folgt nicht nur der zeitlichen Dimension, sondern auch der Hierarchie der einzelnen Unternehmenseinheiten. Das bedeutet, dass die Unternehmensziele nach Bereichs-, Abteilungs-, Team- und schließlich individuellen Mitarbeiterzielen untergliedert werden. Grundlage hierfür sind die Funktions- und Stellenbeschreibungen.

Bei der Ausarbeitung der Zielpyramide „mischen" sich die Zielvorgaben von oben mit den Ideen der jeweils angesprochenen Bereiche und Abteilungen. Die übergeordneten Ziele sind hierbei normierende Rahmenbedingungen, innerhalb derer jede Führungsebene passende Teilziele formuliert, die sie für den eigenen Verantwortungsbereich durch weitere, mit den einzelnen Mitarbeitern abgestimmte Ziele ergänzt.

Beispiel: Zielkaskade

Grundsätzliches Unternehmensziel: „Im Rahmen der EU-Erweiterung wird eine neue Filiale in Rumänien eröffnet."

Strategisches Ziel: Bereich Liegenschaften: „Bis zum Termin X liegen Expertisen zu drei möglichen Standorten in Rumänien vor."

Operatives Ziel: „Bis zum Termin Y hat Frau Roth zusammengestellt, welche Voraussetzungen im Bereich der Infrastruktur für unseren Standort gewährleistet sein müssen."

Aufgabe: Welche Waren müssen in welcher Anzahl mit welchen Transportmitteln zur neuen Filiale transportiert werden?

Unterscheiden Sie Ziele von Aufgaben! Mitarbeiter denken tätigkeitsorientiert und nennen Ihnen deswegen meistens Aufgaben, nicht Ziele.

Überprüfen Sie die Zielformulierung daraufhin mit der Frage: Hat der Mitarbeiter den erstrebenswerten Zustand (Ziel) oder eine Aufgabe auf dem Weg zum Ziel formuliert?

Beispiel:

Die schnellere Auslieferung der Bestellungen an die Kunden ist der angezielte Zustand; die Anschaffung eines zusätzlichen Fahrzeugs ist die zu erledigende Aufgabe.

Schritt 3: Die Ziele kommunizieren

Führungskräfte sind oft der Meinung, es genüge, wenn die Mitarbeiter wissen, *was* sie tun sollen. Selbstverantwortlich arbeitende Mitarbeiter wollen demgegenüber wissen, *wozu* eine Aufgabe notwendig ist. Dies ist die Frage nach dem Sinn und dem Ziel ihrer Arbeit. Zielvereinbarungen sind umso wirksamer, je mehr Sie Ihre Mitarbeiter einbeziehen.

Legen Sie deshalb nicht zu viel Wert auf die formale Ausgestaltung des Zielvereinbarungssystems. Entscheidender für den Unternehmenserfolg ist die offene Diskussion zwischen den Hierarchiestufen darüber, welche Ziele wichtig und strategisch notwendig sind. Erst durch Kommunikation gewährleisten Sie eine reibungslose Verbindung zwischen individuellen Zielen und Unternehmenszielen (siehe Abschnitt „Das Mitarbeiter-Jahresgespräch").

Welches Instrument ist für Sie das richtige?

Beide Führungstechniken – Zielvereinbarung und Beurteilung – dienen dazu, die Aktivitäten der Mitarbeiter auf die Unternehmensziele auszurichten. Sie haben viele Berührungspunkte, gleichzeitig unterscheiden sie sich in der Praxis hinsichtlich des zugrunde liegenden Führungsstils. Hierarchisch geprägte Organisationen, die in stabilen Märkten agieren, neigen zu Beurteilungssystemen. Unternehmen in einem schnelllebigen Umfeld, das eine hohe Flexibilität und Selbstständigkeit der Mitarbeiter erfordert, setzen stärker auf die Zielvereinbarung. Die folgende, etwas polarisierende Gegenüberstellung hilft Ihnen, den Schwerpunkt auf das zu Ihrer Führungssituation passende Instrument zu legen.

Beurteilung versus Zielvereinbarung

Beurteilung	Zielvereinbarung
vergangenheitsorientiert	zukunftsorientiert
Subjektive Beurteilungen werden festgeschrieben und führen zu objektiven personalwirtschaftlichen Konsequenzen.	Subjektive Einschätzungen über zukünftige Ziele werden abgeglichen und das gegenseitige Verständnis und die Zusammenarbeit gefördert.

Beurteilung	Zielvereinbarung
Beurteilt werden neben der Leistung persönliche Eigenschaften.	Beurteilt werden die Zielerreichung und die Verhaltensweisen in der Zusammenarbeit, die dazu geführt haben.
Führung ist standardisiert und zentralisiert.	Führung ist individualisiert und dezentralisiert.
Die Führungskraft ist Kontrolleur.	Die Führungskraft ist Personalentwickler.
hoher bürokratischer Aufwand	relativ formlos
in Personalakte dokumentiert	weitgehend vertraulich

Das Mitarbeiter–Jahresgespräch

Dieses zyklisch wiederkehrende Führungsinstrument kombiniert die Notwendigkeit der Beurteilung mit den Vorteilen der Zielvereinbarung. Es ist eines der wichtigsten Instrumente eines kooperativen Führungsstils, insofern durch das Gespräch eine kontinuierliche Verständigung zwischen Führungskraft und Mitarbeiter auf sachlicher und persönlicher Ebene in Gang gesetzt wird.

Im Unterschied zu klassischen Beurteilungssystemen geht es im Jahresgespräch vor allem um folgendes: Die Führungskraft und der Mitarbeiter versuchen im Gespräch ihre unterschied-

lichen Einschätzungen und Ziele zu verstehen und zu verhandeln. Deshalb ist das Gespräch geprägt von der Suche
nach einem gemeinsamen Verständnis der Arbeitssituationen
und es verfolgt den Zweck, die Zukunft einvernehmlich zu
gestalten.

Sinn und Nutzen des Jahresgesprächs

Das Anliegen des Mitarbeitergesprächs hängt eng zusammen
mit der Situation von Unternehmen und Mitarbeitern in
heutigen Zeiten des schnellen Wandels: Wird ein Mitarbeiter
neu eingestellt, gleichen Personalverantwortliche immer den
Bedarf des Unternehmens mit dessen Fähigkeiten ab. Mittlerweile genügt dieser einmalige Abgleich jedoch nicht mehr,
denn mit den Umfeldbedingungen verändern sich auch das
vom Unternehmen benötigte Fachwissen und die Produkte
ständig.

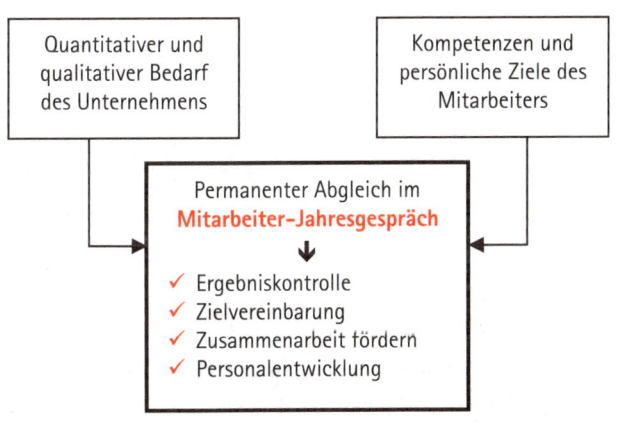

Auf der Mitarbeiterseite veraltet die Fachkompetenz in immer kürzeren Zyklen und das Bedürfnis nach Selbstverwirklichung wächst. An die Zusammenarbeit werden immer höhere Anforderungen inhaltlicher und menschlicher Art gestellt. Mitarbeiter und Führungskraft können komplexe Arbeitsabläufe nur bewältigen, wenn sie offen und mitdenkend kommunizieren. Sich kennen und verstehen sorgt für eine konstruktive Zusammenarbeit, in der Mitarbeiter zu Mitunternehmern werden können.

Gegen die Einführung von Mitarbeiter-Jahresgesprächen wird oft argumentiert, man habe im Alltag eine gute und ausreichende Gesprächskultur. Beide Gesprächssituationen verfolgen aber bei genauerem Hinsehen unterschiedliche Zwecke:

Alltagskommunikation	MA–Jahresgespräch
▪ problemorientiert	▪ zielorientiert
▪ operativ, gegenwarts-bezogen	▪ strategisch, zukunfts-bezogen
▪ kurzfristig reagierend	▪ vorbereitet, strukturiert
▪ sachliche Information im Vordergrund	▪ persönliche Bedeutung der Sache und subjektive Sichtweisen im Vordergrund

Das sollten Sie besprechen

Im Mitarbeiter-Jahresgespräch sollten Sie im Wesentlichen drei Themenbereiche ansprechen (siehe Tabelle). Halten Sie gemeinsam Rückschau und tauschen Sie dabei Ihre Beobachtungen und Einschätzungen zu den Themen aus. Im Anschluss formulieren Sie dann im Sinn der Vorausschau mit dem Mitarbeiter die Ziele für das kommende Jahr. Die gemeinsame Einschätzung der Zielerreichung geschieht entweder unterjährig unmittelbar nach der Umsetzung oder am Beginn des folgenden Jahresgesprächs.

Themenbereich	Beispiele für Gesprächsthemen
Arbeitssituation	Aufgaben, Verantwortung
Arbeitsleistung	Ergebnisse, Qualität
Arbeitsverhalten	Zuverlässigkeit
Zusammenarbeit	soziale Verhaltensweisen
Fachkompetenzen und Entwicklung des Mitarbeiters	fachliche Interessen Potenziale, Weiterqualifizierung

Rahmenbedingungen des Gesprächs

Grundsätzlich gilt für dieses Führungsinstrument: Halten Sie die Ausgestaltung möglichst einfach. Eine Überfrachtung mit Formularen und schriftlich zu beantwortenden Fragen blockiert den direkten Austausch zwischen Ihnen und Ihrem Mitarbeiter. Je vertraulicher das Gespräch ist, umso offener wird er seine Standpunkte einbringen. Rückmeldungen an die Personalabteilung oder den Vorgesetzten sollten Sie auf ein Minimum beschränken. Notwendig sind im Grunde nur zwei Mitteilungen an die Personalabteilung, und zwar

- dass das Gespräch geführt wurde – schließlich ist es Teil der Führungskultur des Unternehmens,
- über die Maßnahmen zur Personalentwicklung, die Sie für notwendig halten.

Eckpunkte des Mitarbeiter–Jahresgesprächs

Wer?	der direkte Vorgesetzte mit dem direkt unterstellten Mitarbeiter, eventuell unter Einbezug des Betriebsrats (BetrVG § 82,2)
Initiative	Vorgesetzter oder (bei Problemen mit der Zielerreichung) Mitarbeiter
Wie oft und wann?	Einmal jährlich plus zwischenzeitliche Rückmeldungen zur Zielerreichung; meistens für alle Mitarbeiter gebündelt zum Geschäftsjahreswechsel
Wie lange?	erfahrungsgemäß ein bis zwei Stunden plus Vor-/Nachbereitung
Wo?	neutraler, von Störungen abgeschirmter Raum
Vorbereitung	14 Tage vorher ankündigen; Beobachtungen und Zielvorstellungen sammeln; Information über die strategischen Unternehmensziele einholen
Hilfsmittel	betriebsinterne Formulare; Stellenbeschreibung; Anforderungsprofil; persönliche Notizen
Rückmeldung	je nach Ausgestaltung, möglichst vertraulich

Gesprächsführung

Unsere Phantasien übereinander sind dramatischer als die Wirklichkeit. Vertiefen Sie den Kontakt und das gegenseitige Verständnis, indem Sie konkrete Ereignisse betrachten und Ihre Sichtweise dazu austauschen, Hintergründe beleuchten und Lösungen gemeinsam aushandeln. Deshalb gilt als wichtigste Haltung: Zeigen Sie, dass Sie neugierig darauf sind, die Dinge mit den Augen Ihres Mitarbeiters wahrzunehmen.

Als Faustregel gilt: Zwei Drittel der Gesprächsanteile liegen beim Mitarbeiter. Geben Sie ihm nach der Nennung des Themas das erste Wort, andernfalls richtet er sich automatisch an Ihrer Sichtweise aus.

Gestalten Sie die Gesprächsatmosphäre

Sie sind der Vorgesetzte. Deshalb liegt die Verantwortung für die Atmosphäre und den Rahmen des Gesprächs bei Ihnen. Zeigen Sie sich vorbildhaft interessiert an den Erfahrungen und Bedürfnissen des Mitarbeiters. Sorgen Sie für eine ungestörte Umgebung und ausreichend Zeit, um Themen in Ruhe vertiefen zu können. Geben Sie dem Mitarbeiter Orientierung über den Ablauf und die anstehenden Themen und beginnen Sie das Gespräch mit einer ehrlichen Würdigung der Zusammenarbeit.

Wer fragt, der führt

Sind Sie als Vorgesetzter eines eigenverantwortlich handelnden Mitarbeiters in der Alltagskommunikation vorwiegend in der Position des Antwortenden, so müssen Sie sich im Jahresgespräch umstellen. Geben Sie dem Mitarbeiter mit Ihren

Fragen Raum zur Vertiefung seiner Themen, anstatt ihm gleich Ihre eigene Meinung mitzuteilen.

Die wichtigste Art von Fragen ist die offene Frage, denn durch sie wird der Mitarbeiter zu einem kreativen Suchprozess angeregt.

Beispiel: Geschlossene versus offene Frage

Geschlossene Frage: „Verfügen Sie über die notwendigen Arbeitsmittel?" Der Mitarbeiter antwortet kurz mit „Ja" oder „Nein".

Offene Frage: „Mit welchen zusätzlichen Arbeitsmitteln könnten Sie den Arbeitsprozess XY vereinfachen?" Der Mitarbeiter wird zum Nachdenken über eigene Vorschläge angeregt, es entwickelt sich ein Dialog.

Aktives Zuhören

Natürlich haben Sie viel Erfahrung, die im operativen Tagesgeschäft schnelle Problemlösungen ermöglicht. Dieser Reichtum verführt Sie möglicherweise zu langen Monologen auf der Sachebene. Um dieser Gefahr zu begegnen, sollten Sie die wichtigste Regel im Jahresgespräch befolgen: Hören Sie zu! Denn wer zuhört,

- regt den Gesprächspartner zum Nachdenken an,
- erkennt Missverständnisse frühzeitig,
- lernt neue Meinungen und Sichtweisen kennen,
- kann über Standpunkte konstruktiv verhandeln,
- kann Lösungen einvernehmlich erarbeiten.

Aktives Zuhören im engeren Sinn bezieht sich, anders als das Zuhören im Alltagsgeschäft, nicht allein auf die mitgeteilte Sachinformation. Hinzu tritt vielmehr der Wille, auch die tiefere persönliche Bedeutung zu verstehen, die die Sache für den Mitteilenden hat. Bedenken Sie jedoch, dass Sie damit das Gehörte bereits interpretieren. Bringen Sie deshalb das, was Sie zwischen den Zeilen herausgehört haben, nicht als Feststellung ein, sondern als Deutung, über die Sie sich mit Ihrem Gegenüber austauschen möchten.

Beispiel: Die Qualität des Zuhörens

 Mitarbeiter: „Jetzt habe ich lange auf das Jahresgespräch mit Ihnen warten müssen."

Antwort A: „Ja, aber Sie wissen doch, ich war mit dem Projekt beschäftigt." → Das ist kein wirkliches Zuhören, hier wird nur das eigene Handeln gerechtfertigt.

Antwort B: „Stimmt, es hat drei Wochen gedauert." → Diese Antwort signalisiert: Die Sachinformation wurde aufgenommen.

Antwort C: „Sie sind anscheinend enttäuscht, vielleicht auch verärgert, dass ich unseren Termin zwei Mal verschoben habe." → Diese Antwort zeigt dem Mitarbeiter, dass die Führungskraft die Sachinformation und ihre Bedeutung aus dessen Sicht aufgenommen hat.

Vorsicht: Eine Antwort, die mit „Ja, ich verstehe, aber ..." beginnt, ist nur der Auftakt zur eigenen Meinungsäußerung und hat mit Zuhören meist nichts zu tun.

Checkliste: So gestalten Sie Mitarbeiter-Jahres-
gespräche richtig

	✓
Vorbereitung	
Ankündigung des Gesprächsdurchgangs auf Abteilungs-ebene	
14 Tage vorher: Vereinbarung der Termine und intensive Vorbereitung	
Durchführung	
Eröffnung: Atmosphäre schaffen, wertschätzenden Kontakt anbieten	
Rückschau: Gab es Veränderungen der Aufgaben-beschreibung?	
Abgleich der Einschätzungen bezüglich der drei grund-sätzlichen Themenbereiche, würdigend-kritische Bilan-zierung	
Zielerreichung: In welchem Ausmaß wurden die im Vor-jahr vereinbarten Ziele erreicht?	
Vorschau: Weiterbildungsbedarf besprechen, Ziele diskutieren, vereinbaren und schriftlich formulieren	
Abschluss: Die vereinbarte Zukunft kurz zusammen-fassen, Wertschätzung vermitteln	
Nachbereitung	
Dokumentation der Zielvereinbarungen und Förder-maßnahmen	
im Bedarfsfall unterjährige Zielerreichungsgespräche	

Aufgabenorientierte Führungstechniken

Die Ziele Ihrer Mitarbeiter sind klar. Gute Voraussetzungen also, um die Arbeit anzupacken. Im komplexen Führungsalltag müssen Sie eine Reihe von aufgabenorientierten Instrumenten anwenden.

In diesem Kapitel erfahren Sie, wie Sie

- Entscheidungen angemessen treffen,
- Projekte realistisch planen,
- Aufgaben richtig delegieren und
- Ergebnisse kontrollieren.

Entscheidungen sicher treffen

Warum braucht man Führungskräfte? Weil sich in vielen beruflichen Situationen Fragen auftun, für die es keine eindeutigen und „richtigen" Lösungen gibt. Die einfacheren Probleme lösen Mitarbeiter selbst. Bei den schwierigen Fragen sind mutige Führungskräfte gefordert, die die Verantwortung für Unwägbarkeiten und für die Folgen der Entscheidung übernehmen.

> Verabschieden Sie sich von der Vorstellung, „richtige" Entscheidungen treffen zu können. Die (Führungs-)Aufgabe lautet, mit vertretbarem Zeitaufwand und unter Abwägung von Informationsbedürfnis und Risikobereitschaft einen unklaren Zustand zu beenden, ohne die Zukunft vorhersehen zu können.

So vermeiden Sie typische Fehler

Wichtige Entscheidungen rasch treffen

Entscheiden heißt, dass Sie sich festlegen, auf alternative Handlungsmöglichkeiten verzichten und Konsequenzen tragen müssen. Wer sich nicht entscheiden kann oder nicht bereit ist, Risiken einzugehen, der schlägt oft indirekte Wege ein, indem er immer noch mehr Informationen sammelt. Neue Argumente werden gesucht und gefunden. Doch die Entscheidungssituation wird dadurch in der Regel nicht leichter. Im Gegenteil: Sie wird zunehmend unüberschaubar.

Eine andere elegante Art des Aufschiebens ist es, sich auf die unzählige Vielfalt der leicht zu lösenden Probleme zu stürzen und dann zu klagen, für die wirklich drängenden Entscheidungen keine Zeit zu haben.

> Wer sich zu lange bemüht, entscheidungsfähig zu werden, erhöht den Grad der Komplexität und wird schließlich unfähig zu entscheiden.

Entscheidungen nicht zu schnell treffen

Es gibt kaum Situationen, in denen Sie eine Entscheidung ohne Zeitdruck treffen können. Auf der anderen Seite müssen Sie jedoch aufpassen, dass Sie nichts überstürzen. Lassen Sie sich weder von vermeintlichen Notwendigkeiten noch von Ihren eigenen Macher-Qualitäten zu unüberlegten Entscheidungen verleiten.

Gefühl und Vernunft im Gleichgewicht

Entscheidungen aus dem Bauch heraus können wir in verführerisch kurzer Zeit fällen. Allerdings bezahlen wir dies mit dem Nachteil, keine bewusst nachvollziehbaren Kriterien nennen zu können, die für unsere Entscheidung sprechen. Gefühlsurteile werden von persönlichen Vorlieben bestimmt, die andere nicht zwangsläufig teilen. Analysieren Sie die Entscheidungsbedingungen sorgfältig, und vergessen Sie nie, auch rationale Argumente mit einzubeziehen.

Umgekehrt führt die einseitige Betonung der Vernunft oft dazu, dass zu viel Zeit verloren geht: Es werden zu viele Informationen beschafft und zu viele Diskussionen geführt, an deren Ende doch nur eine blutleere, wenig überzeugende Entscheidung steht, von der kein Mitarbeiter begeistert ist.

Entscheidungen nicht den Spezialisten überlassen

Der Gedanke ist für rational gestrickte Menschen verführerisch: Hätten wir nur genügend Fachwissen, dann gäbe es unwiderlegbare Begründungen, die für unsere bevorzugte Entscheidung sprechen, und wir gerieten auch in Zukunft nie in Rechtfertigungsnöte. Viele Gutachter verdienen damit ihr Geld.

Sich beraten zu lassen, ist in Ordnung. Widerstehen Sie aber der Versuchung, die Entscheidung den Experten zu überlassen. Spezialisten haben einen Tunnelblick. Sie neigen dazu, ihre persönlichen Vorlieben zur Wahrheit zu erklären, und sie tragen nicht die Verantwortung für die unternehmerischen Folgen der Entscheidung.

Was ist wesentlich?

Entscheidungen haben oft weit reichende Konsequenzen. Um auch alles mitbedacht zu haben, beziehen wir vorsichtshalber Randprobleme mit ein. Irgendwann verlieren wir den Überblick über all die Probleme, zumindest gibt es keine Lösung mehr für dieses Konglomerat aus ineinander verwobenen Schwierigkeiten.

Gehen Sie dieser Gefahr aus dem Weg. Strukturieren Sie die Ausgangssituation, identifizieren Sie Teilprobleme und definieren Sie die Kriterien, nach denen Sie die Probleme gewichten.

Welcher Entscheidungstyp sind Sie?

In der folgenden Typologie werden Sie nicht den idealen Entscheidungstypus finden. Sie gibt Ihnen eine erste Orientierung darüber, zu welchem Typ von Entscheidern Sie gehören. Weiter unten finden Sie dann Anregungen, wie Sie spezifische Hemmnisse überwinden können. Außerdem verdeutlicht sie, dass gute Entscheidungen auf der Kombination unterschiedlicher Einstellungen und Verhaltensweisen beruhen.

- **Der Charismatiker:** Er begeistert sich und andere für neue Ideen und Entscheidungswege. Entscheidungen fällt er eher aus dem Bauch heraus.

- **Der Rationalist:** Daten imponieren ihm. Für alles findet er das passende Gegenargument, was die Entscheidungsfindung oft sehr zäh macht.

- **Der Skeptiker und Kontrolleur:** Die Zukunft sieht er im Ungewissen, die Planungsdaten sind immer unzulänglich, und die Verantwortung lastet allein auf seinen Schultern. Schade, dass die zukünftigen Entwicklungen sich nicht vorhersehen und in ihren Auswirkungen beherrschen lassen.

- **Der Nachahmer:** Er scheut das Risiko und die Verantwortung. Aber Gott sei Dank gibt es ja andere, die ähnliche Fälle schon entschieden haben ...

So treffen Sie besser Entscheidungen

Vernunft und Intuition abwägen

Kopf und Bauch schließen sich nicht aus, sondern ergänzen einander auf dem Weg zu einer tragfähigen Entscheidung. Mit der Vernunft erarbeiten wir uns den notwendigen Überblick, analysieren die Rahmenbedingungen, sammeln, prüfen und gewichten Argumente. Je komplexer ein Problem ist, desto wichtiger wird das Begreifen, Verstehen und Sortieren.

Die Intuition speist sich aus einer Vielzahl früherer Erfahrungen und Entscheidungssituationen, die wir im Gedächtnis gespeichert haben und die im Unterbewusstsein wirken. Deswegen führt uns unser Gefühl selten in die Irre, und es fällt den meisten Menschen schwer, sich gegen ihr Gefühl zu entscheiden. Versuchen Sie, das unbewusste Wissen, das Ihre Gefühle bestimmt, zu ergründen und in die Entscheidung einzubeziehen.

Bauchentscheidungen sind angesagt, wenn es um schnelle Entscheidungen mit absehbaren Folgen geht. Die Balance von Kopf und Bauch ist insbesondere bei strategischen Richtungsentscheidungen zu beachten.

Motive ergründen und Ziele definieren

Entscheidungen treffen wir aufgrund persönlicher Bedürfnisse und um bestimmte Ziele zu erreichen. Problematisch wird es schnell, wenn uns unsere Motive entweder gar nicht bewusst sind oder wenn wir diese bewusst verbergen, zum Beispiel weil sie vermutlich auf wenig Akzeptanz stoßen werden oder weil wir so in Gruppenentscheidungen besser taktieren können.

Die Diskrepanz zwischen den geheimen Motiven und den ausgesprochenen Zielen sorgt schnell für Ärger und Chaos in der Entscheidungsfindung von Gruppen. Abhilfe bietet ein strukturiertes Vorgehen, das alle an der Entscheidung Beteiligen zwingt, sich auf den Bedarf und die Ziele festzulegen. Auf diese Weise können Widersprüche oder unstimmige Argumente aufgedeckt und zurückgewiesen werden.

Risikobereitschaft und Informationsbedürfnis ausbalancieren

Jede Entscheidung birgt ein Risiko. Denn Entscheidungen treffen wir für eine Zukunft, die wir schwerlich voraussehen können. Der normale Umgang mit dieser Ungewissheit ist das Sammeln von möglichst vielen Daten aus der Vergangenheit, aus denen wir auf die Zukunft schließen. Je größer die Angst vor Fehlern ist, umso mehr Informationen wollen wir haben, um unsere Entscheidung abzusichern. Unabhängig davon kommt es ohnehin anders, als man denkt. Unsere Planung wird permanent vom Wandel überholt, und richtige Entscheidungen von heute erweisen sich unter neuen Bedingungen als falsch oder zumindest verbesserungsbedürftig.

Fokussieren Sie die Datensammlung auf Wesentliches. Verzichten Sie auf letztgültige Kriterien und Beweise für die richtige Entscheidung, denn es gibt sie nicht. Sinnvoller ist es, das verbleibende Risiko durch regelmäßige Kontrollen während der Umsetzung zu minimieren. Dazu gehört auch eine fehlerfreundliche Führungskultur, die es ermöglicht, Ist-Soll-Diskrepanzen schnell und angstfrei zu kommunizieren.

In fünf Schritten zur tragfähigen Entscheidung

1 **Definieren und analysieren Sie die Ausgangssituation:** Was soll eigentlich entschieden werden? Die kleinen Detailprobleme oder die grundsätzliche Frage? Geht es um eine kurzfristige Lösung oder eine langfristige Veränderung? Oft – gerade in Gruppen – laufen wir los, ohne die Ausgangssituation erfasst zu haben. Dabei gibt es keine allgemeingültige Regel, die angibt, wie detailliert ein Problem vor einer Entscheidung analysiert werden muss. Sie müssen das angemessene Maß zwischen Schnelligkeit und Gründlichkeit, Risiko und Sicherheit jeweils neu finden. Vermeiden Sie unterschwellige Vorentscheidungen während dieser Phase.

2 **Klären Sie Motive, Ziele und Bewertungskriterien:** Welche offensichtlichen und verborgenen Bedürfnisse bestimmen die Notwendigkeit der Entscheidung? Welches ist das für Sie erstrebenswerte Ziel? Mit welchen Kriterien können Sie die Zielerreichung messen? Welche Rahmenbedingungen gelten und sind eventuell „Killerkriterien" für bestimmte Lösungen? Ordnen Sie die Ziele nach Wichtigkeit und zeitlicher Reihenfolge.

3 **Entwickeln Sie mögliche Entscheidungsoptionen:** Sammeln Sie zunächst viele Entscheidungsalternativen. Je mehr Möglichkeiten Sie haben, umso passgenauer wird die Entscheidung ausfallen. Vermeiden Sie dabei ein im Be-

währten verhaftetes Denken und schnelle Polarisierungen. Erweitern Sie den Horizont Ihrer Suche nach Lösungen.

4 **Entscheiden Sie:** Erweist sich eine Option in allen Belangen als die beste, so fällt die Entscheidung leicht. Liegen die Bewertungen der Alternativen nahe beieinander, dann prüfen Sie ein letztes Mal Ihren Wissensstand und Ihr Gefühl und entscheiden Sie dann. Denken Sie stets daran: Es gibt keinen Propheten, der Ihnen mit einem Blick in die Zukunft das Restrisiko abnehmen könnte.

5 **Reflektieren Sie die (Zwischen–)Ergebnisse:** In der Rückschau auf die Entscheidung können Sie Ihre Entscheidungsfähigkeit insgesamt verbessern. Haben sich Ihre Einschätzungen und Prognosen bewährt? Lagen Sie mit Ihrer Intuition richtig? Können Sie mit den Folgen leben? Der Weg zum Ziel erfolgt als Umsetzungsprozess in vielen kleinen Zwischenschritten. Bringen Sie den Mut auf, die einmal getroffene Entscheidung bei Bedarf zu korrigieren.

Aufgaben und Projekte planen

Kritische Geister behaupten, Planung bedeute nichts anderes, als den Zufall durch den Irrtum zu ersetzen. Bekanntlich kommen ja die Dinge meistens ganz anders, als man denkt. Zum Teil stimmt das natürlich, denn gerade in unserer schnelllebigen Zeit werden die Grenzen der Planbarkeit offensichtlich. Das Planungsparadox besagt: Je detaillierter Sie planen, umso wahrscheinlicher ist es, dass der Plan durch die sich laufend ändernden Umfeldbedingungen überholt wird. Andererseits gilt die Weisheit: Planung ist nicht alles, aber ohne Planung ist alles nichts. In die Praxis übersetzt heißt dies: Verstehen Sie Planung nicht als statischen, sondern als dynamischen Prozess. Die einzelnen Planungsschritte müssen an neue Erkenntnisse laufend angepasst werden.

> Investieren Sie Ihre Energie weniger in wasserdichte Pläne als vielmehr in die Bereitschaft Ihrer Mitarbeiter, ständig nachzujustieren, auch wenn das anstrengend ist.

Was bringen Pläne?

Planen heißt, das zukünftige Handeln zu durchdenken und festzulegen. Wer plant, der sucht den im Rahmen seiner Möglichkeiten kürzesten Weg zum Ziel und ist bestrebt, Umwege und Sackgassen vermeiden. Pläne helfen darüber hinaus, frühzeitig zu erkennen, wo es zu Abweichungen zwischen Ist- und Soll-Zustand kommt, um gegensteuern zu können.

Ein Plan weist also möglichst konkret aus, auf welchen Wegen, mit welchen Schritten und mit welchem Aufwand ein vorgegebenes Ziel erreicht werden kann. Die Definition der Ausgangssituation und des Ziels sind somit die Ausgangspunkte jeder Planung. Ziele sind vergleichbar mit Städten auf einer Landkarte. Pläne sind die Wege zu diesen Punkten.

Elemente und Schritte der Planung

1   **Definieren Sie den Auftrag:** Wer will was aufgrund welcher Probleme mit welchen Ressourcen unter welchen Rahmenbedingungen für welche Nutzer erreichen?

2 **Legen Sie die Ziele fest:** Erfolgreiche Pläne beruhen auf der Formulierung eindeutiger und für den Kreis der Betroffenen erstrebenswerter Ziele.

3 **Stellen Sie Einvernehmen über den Weg zum Ziel her:** In dieser Phase sind vielfältige Detailfragen zu klären. Anders als bei der Auftragsdefinition ist es deswegen notwendig, Fachexperten an der Suche nach möglichen Wegen zu beteiligen. Die Projektleitung hat in dieser Phase die Aufgabe, die Interessen des Auftraggebers einzubeziehen.

4 **Schnüren Sie Arbeitspakete:** Der Weg muss in einzelne Aufgaben untergliedert werden, die in einem sachlogischen Verhältnis zueinander stehen und später auf Teammitglieder mit entsprechenden Fähigkeiten aufgeteilt werden können.

5 **Schätzen Sie den Aufwand in der Plandurchführung:** Für jede Teilaufgabe sind der zeitliche Aufwand, die Kosten und die sonstigen benötigten Ressourcen zu schätzen.

6 **Planen Sie den Ablauf:** Die Teilaufgaben müssen in eine logische Reihenfolge gebracht werden. Jede Aufgabe ist mit einem Start- und einem Endtermin zu versehen. Wichtige Kontrollpunkte und Zwischenergebnisse werden als Meilensteine definiert.

7 **Begleiten Sie den Ablauf und greifen Sie, wenn nötig, steuernd ein:** Die Qualität des Plans wird anhand der Meilensteine laufend überprüft. Soll-Ist-Abweichungen und neue Erkenntnisse werden analysiert. Wenn nötig, wird der Weg angepasst.

8 **Kontrollieren Sie das Ergebnis:** Das erreichte Ergebnis
   wird am Soll-Zustand gemessen, der Prozess der Zielerreichung wird reflektiert und mögliche Verbesserungen
   für zukünftige Planungen werden erörtert. Das Ergebnis
   wird gewürdigt.

> Formulieren Sie Meilensteine nicht als zukünftige Aufgabe, sondern als
> zum Zeitpunkt X bereits eingetretenen Zustand.

Verschiedene Pläne erleichtern die Arbeit

Bei komplexen Projekten ist es hilfreich, die Planung je nach
Gegenstand in gesonderten Plänen zu dokumentieren:

Art des Plans	Inhalt
Projektstruk-turplan	Was ist zu tun? Die Aufgabe wird in einzelne Bestandteile oder Tätigkeiten zerlegt.
Aufwandsplan	Welche Kosten, Zeiten, Sachmittel und Personen sind bereitzustellen?
Ablaufplan	In welcher Reihenfolge mit welchen gegenseitigen Abhängigkeiten müssen die Aufgaben erledigt werden?
Plan zur Risikosteuerung	Welche Hemmnisse und Risiken gilt es zu bedenken?
Teilprojekt-pläne	Wer macht was, bis wann, womit, in welcher Qualität?

Beginnen Sie nicht zu früh mit der Ablauf- oder Terminplanung. Absprachen über Termine verführen dazu, loszulaufen, noch bevor die Details hinsichtlich Auftrag, Rahmenbedingungen und Aufwand geklärt sind.

Beachten Sie Planungsprinzipien

- Führen Sie eine dynamische Planung vom Groben zum Detail durch, die Details aber nur für die unmittelbare Zukunft festlegt und neue Erkenntnisse laufend einbezieht.

- Planen Sie prozess- und ergebnisorientiert. Denken Sie nicht an Probleme und Tätigkeiten, sondern an die Ziele und an mögliche Lösungen, die auf die Zielgruppe ausgerichtet sind.

- Planen Sie schriftlich. Sie können das Geplante leichter und verbindlicher kommunizieren.

- Überlegen Sie, wer welche Informationen von wem benötigt. Anfangs geht es um die Motivation der Betroffenen, später um die Vernetzung der an der Umsetzung Beteiligten. Definieren Sie die notwendigen Schnittstellen in einem Kommunikationskonzept.

- Bleiben Sie konsequent auf dem Kurs zum Ziel und doch flexibel, um auf aktuelle Gegebenheiten reagieren zu können.

- Planen Sie weiche Zeitpuffer genauso ein wie harte Meilensteine zur Zwischenkontrolle.

- Achten Sie auf kontinuierliche Rückmeldungen und visualisieren Sie die Fortschritte. Nutzen Sie Verlaufsdiagramme und Balkengrafiken, um den Mitarbeitern Orientierung über den Prozess zu geben und sie zu weiteren Bestleistungen zu motivieren.

Checkliste: Planung und Steuerung von Projekten

	ja	nein
Der Auftrag und wichtige Rahmenbedingungen sind mit dem Auftraggebern (bzw. Ihrem Vorgesetzten) abgesprochen.		
Die Ziele des Projekts sind Ihnen und den anderen Beteiligten klar.		
Als Projektleiter verfügen Sie über die notwendige Methoden- und Prozesskompetenz, um das geplante Projekt in der Umsetzung zu steuern.		
Bei den Teammitgliedern sind sowohl die notwendigen fachlichen Fähigkeiten als auch teamorientierte Kompetenzen vorhanden.		
Zum Team gehören auch Visionäre und Umsetzer.		
Ein Kommunikationskonzept zur Mobilisierung der Betroffenen und zur Steuerung des Projekts ist erarbeitet.		
Rückmeldeschleifen zur permanenten Nachjustierung und Kontrolle des Projektfortschritts sind vereinbart.		

Erfolgreich delegieren

Spätestens wenn Sie den Eindruck haben, buchstäblich in Arbeit zu ertrinken und Ihre Familie nicht mehr zu kennen, spätestens dann, wenn Ihr Mountainbike von Spinnweben überzogen ist, wissen Sie: Sie delegieren zu wenig.

Als Führungskraft sollten Sie Ihre Arbeitskraft und Kreativität in die strategischen Aktivitäten investieren – daran wird Ihre langfristige Wirksamkeit gemessen. Machen Sie sich frei von Routine-, Detail- und Spezialistenaufgaben. Delegieren bedeutet, den Mitarbeitern Aufgaben mit einer vereinbarten Handlungsvollmacht zu übertragen. Das ist für beide Seiten vorteilhaft:

- Die Führungskraft wird frei von Fachaufgaben und gewinnt Zeit für ihr originäres Führungsgeschäft.
- Der Mitarbeiter wird in seiner Eigenverantwortung gestärkt und kann seine Kompetenz erweitern.

So gelingt Delegation
Inhalte und Umfang eindeutig definieren

Delegation wird umgangssprachlich mit der Anweisung zur Ausführung einer Aufgabe gleichgesetzt. Dies demotiviert engagierte Mitarbeiter und führt nur zur Rückdelegation. Ein kompetent durchgeführtes Delegationsgespräch ist hingegen ein hervorragendes Instrument zur Motivation und Weiterqualifizierung der Mitarbeiter. In einem solchen aufwändigen Gespräch müssen folgende Punkte geklärt werden:

- Wie lautet die Aufgabe?

- Welchem Ziel dient die Erfüllung der Aufgabe?

- Werden dem Mitarbeiter zusammen mit der Verantwortung für das Ergebnis auch die erforderlichen Entscheidungskompetenzen übertragen?

- Stimmen die Rahmenbedingungen? Gibt es Hindernisse im Arbeitsumfeld des Mitarbeiters, die der Aufgabenerfüllung entgegenstehen?

Vertrauen und loslassen können

Der Perfektionismus und der Machtinstinkt mancher Führungskräfte schaffen eine Atmosphäre des Misstrauens, in der bestenfalls halbherzig delegiert wird. Dies schürt Unsicherheiten auf beiden Seiten. Im Endeffekt fühlt sich der Mitarbeiter als Handlanger des Chefs und verliert die Lust am Engagement. Nach der unvermeidlichen, selbst provozierten Rückdelegation fühlt der Chef sich in seiner Meinung bestätigt, dass er alles in kürzerer Zeit besser machen kann. Entwickeln Sie gegenseitiges Vertrauen, indem Sie die Kompetenz desjenigen prüfen, an den Sie delegieren, und indem Sie die übertragene Verantwortung schrittweise vergrößern.

Was kann delegiert werden?

- **Routineaufgaben:** Da diese regelmäßig wiederkehren, lohnt es sich, bei fehlenden Kompetenzen Zeit zu investieren, um einen Mitarbeiter anzulernen.

- **Einzel- oder Spezialistenaufgaben:** Delegieren Sie diese an Experten, die über die notwendigen Fähigkeiten verfügen.

- **Arbeitsbereiche:** Hier ist es unbedingt notwendig, dass Sie und Ihr Mitarbeiter einander gut kennen und vertrauen; darüber hinaus müssen beide Seiten bereit sein, Verantwortung für die Delegation zu tragen.

Checkliste: Richtig delegieren

Vorbereitung	✓
- Vertraue ich meinem Mitarbeiter? Kann ich die Aufgabe und die Verantwortung loslassen?	
- Verfügt mein Mitarbeiter über die notwendigen Fähigkeiten und das Engagement?	
- Habe ich die Rahmenbedingungen definiert, die für die Delegation gelten (Befugnisse, Verantwortung, Freiheiten, Ressourcen, ...)?	
- Ist genügend Zeit für das Gespräch? Kann mein Mitarbeiter ernsthaft seine Fragen stellen? Können Unklarheiten in Ruhe besprochen werden?	
Schritte des Delegationsgesprächs	
- Definieren Sie gegenüber dem Mitarbeiter den Auftrag.	
- Erklären Sie ihm das Motiv (warum?) und das Ziel (wozu?) der Delegation.	
- Klären Sie die Rahmenbedingungen und Details, (z. B. die Kriterien, an denen das Ergebnis gemessen wird.)	

- Klären Sie die Zeitschiene, eventuell mit Rückmeldung von Zwischenergebnissen.

- Besprechen Sie mit ihm die dafür notwendigen Fähigkeiten, und holen Sie sich eine Rückmeldung, ob er sich der Aufgabe gewachsen fühlt (Kompetenz) und sich damit identifizieren kann (Motivation).

- Besprechen Sie, wie das Ergebnis von ihm an Sie rückgemeldet werden soll und von Ihnen kontrolliert wird.

- Sichern Sie ihm Ihre Unterstützung zu, verpflichten Sie ihn aber darauf, dass er bei auftretenden Schwierigkeiten Sie frühzeitig informiert.

- Reflektieren Sie mit dem Mitarbeiter die erbrachte Leistung, anerkennen Sie die Erfolge. Die Delegation ist auch ein Instrument der Personalentwicklung.

Wirksam kontrollieren

„Vertrauen ist gut, Kontrolle ist besser." Diese Lebensweisheit macht unmittelbar verständlich, weshalb Kontrolle mit einem negativen Beigeschmack versehen ist: Der Mitarbeiter erlebt dabei häufig Misstrauen und Bevormundung.

Dennoch gibt es keine Situation, in der Sie auf Kontrolle verzichten können. Es ist und bleibt auch im Rahmen der Delegation einer Aufgabe Ihre Pflicht, sicherzustellen, dass die Arbeitsergebnisse der Mitarbeiter bestimmten vereinbarten Anforderungen an Qualität, Quantität, Kosten und Zeit entsprechen. Machen Sie Ihren Mitarbeitern deutlich, dass Sie Kontrolle nicht als Ausdruck von Misstrauen verstehen, sondern dass sie regelmäßig und zu vereinbarten Zeitpunkten erfolgt, um sein Arbeitsergebnis zu sichern und zu würdigen. Entwickeln Sie ein positives Verständnis von Kontrolle: Ihnen selbst und Ihren Mitarbeitern sollte der Nutzen von Kontrolle klar sein. Sie dient dazu,

- mit Blick auf das Ziel frühzeitig steuernd eingreifen zu können, noch bevor größere Schäden entstanden sind;
- Ergebnisse nachhaltig zu sichern und zu verstetigen;
- die Motivation durch anerkennende Rückmeldungen zu der geleisteten Arbeit zu erhöhen;
- den Mitarbeiter durch Beratung zu qualifizieren.

Selbstkontrolle und Fremdkontrolle

Sie können zwei Arten der Kontrolle unterscheiden: die Selbstkontrolle des Mitarbeiters und die Fremdkontrolle des Mitarbeiters durch Sie als Führungskraft.

Es mag zunächst überraschend klingen, die Selbstkontrolle unter Führungstechniken abzuhandeln, denn wo bleibt dabei die Führungskraft? Wundern werden sich insbesondere die gewissenhaften Führungspersonen mit einem hohen Kontrollbedürfnis. Ihnen fällt es schwer, die Führung wenigstens in vereinbarten Zeiträumen den Mitarbeitern zu überlassen, denn sie sind von der Angst geplagt, dass diese sich als verantwortungslos erweisen könnten mit der Folge, dass die Aktivitäten aus dem Ruder laufen. Auf der anderen Seite wird deutlich, dass Selbstkontrolle sehr wohl eine Führungstechnik ist, nämlich eine auf Mitarbeiterentwicklung und Vertrauen basierende. Fördern Sie Ihre Mitarbeiter, indem Sie ihnen die Verantwortung übertragen, die Zielerreichung nach vereinbarten Kriterien phasenweise selbst zu überprüfen. Sie selber kontrollieren nur in großen Abständen die wichtigen Zwischenergebnisse.

Fremdkontrolle bewegt sich in einem Spannungsfeld: Fest steht, dass die Führungskraft die letzte Verantwortung für die Arbeitsergebnisse trägt. Nun stehen Sie vor der Frage, ob Sie Ihrem Mitarbeiter durch die Art Ihrer Kontrolle Verantwortung entziehen oder ob Sie ihm vertrauen und eher als Coach zur Seite zu stehen. Wie Sie sich in diesem Dreieck bewegen, hängt zum großen Teil von Ihrer Einstellung zu Ihrem Mitarbeiter ab.

Kontrolle und Führungsstil

Damit der Mitarbeiter Sie als unterstützend erlebt, ist es notwendig, dass Sie als Führungskraft Ihr Menschenbild und Ihre Einstellung ihm gegenüber klären. Die folgende Tabelle hilft Ihnen dabei.

Merkmale der Kontrolle	Die Führungskraft misstraut dem Mitarbeiter.	Die Führungskraft als Coach qualifiziert den Mitarbeiter.
Selbstverständnis der Führungskraft	Fehlersucher	Berater, Coach
Ziel	Fehler entdecken	Erfolg sichern
Häufigkeit	groß	klein
Inhalt	Detailaufgabe	Schwerpunkte, Meilensteine
Art	überraschend	in Absprache
Stil	vorwurfsvoll, belehrend, autoritär	Verständnis suchend, analysierend, anerkennend
Erfolg	Ursachen und Schuldige identifiziert	Die Fähigkeit des Mitarbeiters zu eigenverantwortlichem Handeln wächst.

So kontrollieren Sie wirkungsvoll

Folgende Verhaltensweisen sollten Sie meiden: grundsätzliches Misstrauen gegenüber Fähigkeiten und Verantwortungsbewusstsein der Mitarbeiter; hochfrequentes, übergriffiges Eingreifen; unangekündigte Stichproben; fehlende Kontrolle zu vereinbarten oder angekündigten Zeiten.

Damit verstärken Sie die Wirksamkeit Ihrer Kontrollen:

- Richten Sie die Art und Häufigkeit der Kontrolle nach dem Entwicklungsstand, den Fähigkeiten und der Motivation des Mitarbeiters.

- Kontrollieren Sie bei engagierten Mitarbeitern nur die Ergebnisse oder die wichtigen Meilensteine.

- Kontrollieren Sie nur zu vereinbarten Zeiten im vereinbarten Umfang.

- Definieren Sie frühzeitig und transparent die Kriterien, an denen der Erfolg gemessen wird.

- Coachen Sie Ihre Mitarbeiter hinsichtlich ihrer Fähigkeit zur Selbstkontrolle.

- Nutzen Sie die „unangenehme" Führungstechnik Kontrolle für ein qualifizierendes Feedback und für leistungsbezogene Anerkennung.

Zu guter Letzt: Überprüfen Sie Ihr Kontrollbedürfnis mit der „**egal**-Formel": Ist die Kontrolle **e**rforderlich, **g**eeignet, **a**ngemessen und **l**ösungsorientiert?

Mitarbeiterorientierte Führungstechniken

Auf dem gemeinsam eingeschlagenen Weg gibt es Fortschritte, gelegentlich aber auch Rückschläge. Ihre Aufgabe ist es, Ihre Mitarbeiter anzuspornen und darauf zu achten, dass sie Umwege vermeiden.

Lesen Sie in diesem Kapitel, wie Sie

- konstruktiv Feedback geben,
- sich selbst und Ihre Mitarbeiter nachhaltig motivieren,
- angemessen Anerkennung aussprechen und
- Kritikgespräche zielgerichtet führen.

Feedback geben

Beziehungen leben von der Rückmeldung darüber, wie wir zueinander stehen. Feedback ist sozusagen das Schmiermittel einer funktionierenden Führungsbeziehung. Beschränken Sie es also nicht auf die bestimmte Anlässe oder regelmäßig wiederkehrende Situationen wie Kritikgespräche oder Jahresgespräche, sondern nutzen Sie die Möglichkeiten, die sich im Alltag zum spontanen Austausch ergeben.

Dies gilt insbesondere für die Führung der langjährigen Mitarbeiter. Sie arbeiten oft sehr selbstständig, und entsprechend seltener ist der Kontakt zum Vorgesetzten. Aufkeimender Ärger wird zunächst bagatellisiert, und die Überraschung ist groß, wenn man plötzlich merkt, wie viele Unterschiedlichkeiten sich angesammelt haben.

Ziele und Nutzen

- Feedback fördert die Beziehung zu Ihrem Mitarbeiter, indem er erfährt, welche Gedanken und Gefühle seine Verhaltensweisen in Ihnen auslösen.

- Interpretationen und Phantasien übereinander, die meistens dramatischer sind als die Wirklichkeit, können überprüft und korrigiert werden.

- Eine konstruktive Rückmeldung verhindert, dass die Führungskraft den Mitarbeiter umerziehen will, und ermöglicht es dem Mitarbeiter, die seinem Naturell entsprechenden Veränderungen eigenverantwortlich zu vollziehen.

Konstruktiv sein

Selbstverständlich sollte Feedback nicht als trojanisches Pferd mitgeteilt werden: außen die schöne Verpackung und innen versteckt die Krieger, die ihre Stacheln ins Fleisch setzen. Doch auch mit den besten Absichten wird Feedback vom Adressaten oft als Versuch empfunden, ihn umzuerziehen. Deshalb ist es sinnvoll, sich an bestimmte Spielregeln zu halten.

Regeln für den Feedbackgeber

- Du bist okay und ich bin okay: Feedback beruht auf einer grundlegenden Haltung der Wertschätzung, die den anderen in seiner Individualität achtet.

- Verhalten und Ergebnisse beschreiben, anstatt die Person zu kritisieren: Anlass für Rückmeldungen im beruflichen Kontext sind ausschließlich Verhaltensweisen, die störend für die Zusammenarbeit sind, oder fehlende Arbeitsergebnisse. Die Person bleibt unangetastet.

- Eigene Wahrnehmungen mitteilen: Die meisten Menschen sind dankbar für ehrliche Rückmeldungen, solange ihnen nicht gleich ein Handlungsauftrag mitgegeben wird. Verletzend sind Botschaften, hinter denen die Forderung steht „Du musst ein anderer sein". Störend ist das Zitieren der Meinung nicht anwesender Kollegen.

- Beim Wesentlichen und im Hier und Jetzt bleiben: Geben Sie Ihre Rückmeldung zeitnah, auf ein zentrales Anliegen bezogen, dann sind die Eindrücke beiderseits noch frisch.

Vermeiden Sie es, alte Kamellen aus der Vergangenheit anzuführen.

- Keine Lösungsvorgaben und kein Zwang zur Änderung: Regen Sie die eigenverantwortliche Änderung an, indem Sie wohlwollend und ohne moralischen Druck die Folgen des störenden Verhaltens beziehungsweise der Arbeitsleistung aufzeigen.

Regeln für den Feedbackempfänger

- Klarlegen, worüber und von wem Feedback gewünscht wird: Schützen Sie sich vor der Ausweitung des Themas und vor unsachgemäßer Schelte.

- Zuhören, Zuhören, Zuhören! Auch wenn's schwer fällt: Versuchen Sie, das Gehörte zunächst aus der Sicht des anderen zu verstehen. Legen Sie Ihre tieferen Beweggründe dar, ohne sich zu rechtfertigen.

- Feedback zum Feedback: Teilen Sie am Ende des Feedbacks mit, wie es Ihnen jetzt geht und was Sie zukünftig anders machen wollen.

> Der Inhalt von Feedback darf nie als Wahrheit oder Feststellung behauptet werden („So einer sind Sie!"). Konstruktives Feedback ist ein Lebenseliexier, fördert die Zusammenarbeit und hilft, Missverständnisse zu vermeiden.

Die vier Schritte des Feedbackgesprächs

1   Vergewissern Sie sich, dass Ihr Gegenüber Ihre Rückmeldung im Augenblick aufnehmen will und kann.

2   Beschreiben Sie den Inhalt Ihrer Rückmeldung getrennt nach den folgenden Aspekten:

   a)   Was oder welches Verhalten habe ich wahrgenommen?

   b)   Welche Gedanken und Interpretationen stellen sich dazu bei mir ein?

   c)   Welche Gefühle werden in mir ausgelöst?

   d)   Welche Handlungsimpulse stellen sich bei mir ein?

3   Der Feedbackempfänger erklärt anschließend seine Sichtweisen und Beweggründe, ohne sich zu rechtfertigen.

4   Sie verständigen sich über die Unterschiede und das Gemeinsame Ihrer Wahrnehmungen und tauschen Vorstellungen über eventuell notwendige Veränderungen aus.

Motivieren

Viele Führungskräfte motivieren in der Praxis nach der „Angler-Methode": Sie nehmen einen Köder, verbergen darin den spitzen Haken und werfen die Angel in den Fluss. Der Fisch, respektive Mitarbeiter, lässt sich vom Köder dazu verführen, anzubeißen, und endet dort, wo er selbst nicht unbedingt hin wollte. Nicht selten werden Mitarbeiter unter dem Deckmantel der Motivation mit solchen Ködern manipuliert. Und in schwierigen Zeiten wird die Führungskraft belohnt, die ihre Mitarbeiter zu kurzfristiger Höchstleistung anstachelt.

Was bedeutet Motivation?

Menschen erbringen nicht grundlos eine Leistung. Tief in uns ist das Bedürfnis nach Wirksamkeit verankert. Dieses wird durch unsere persönlichen Werte und Fähigkeiten auf einen konkreten Inhalt bezogen. Wir haben ein Ziel und ein Motiv für unser Tun.

In dem Wunsch, etwas zu gestalten, äußert sich das Bedürfnis nach Selbstentfaltung und Sinn. Dies ist die allgemeine Motivation. Als Führungskraft müssen Sie sich fragen, ob Sie von dieser scheinbar selbstverständlichen Wahrheit wirklich überzeugt sind. Viele halten ihre Mitarbeiter grundsätzlich eher für faul und unmotiviert und glauben, Leistung durch klare Vorgaben und Kontrolle erzwingen zu müssen. Eigenverantwortung und Einbeziehung der Mitarbeiter bleiben dabei auf der Strecke.

Die spezifische Motivation erwächst aus dem konkreten Inhalt, auf den das allgemeine Gestaltungsbedürfnis des Mitarbeiters ausgerichtet ist. Sie ist der Grund dafür, sich mit einem (Unternehmens-)Ziel zu identifizieren, und entspringt subjektiven Bedürfnissen und Werten. Diese können Sie als Führungskraft nur kennen lernen, wenn Sie in Motivationsgesprächen danach fragen.

> Ein aufmerksam geführtes Mitarbeitergespräch ist zweifellos der Königsweg zu den Motiven und zur Selbstmotivation des Mitarbeiters.

Selbst- und Fremdmotivation

Jeder von uns hat Vorlieben. Die Motive unseres Handelns sind tief in unserer Persönlichkeit verankert. Deswegen stellt sich die Frage, wie Führungskräfte diese Schichten der Persönlichkeit Ihrer Mitarbeiter überhaupt erreichen können, um deren Motivation zu erhöhen. Eine Rolle spielt dabei die Unterscheidung zwischen zwei Arten von Motivation.

Bei der Selbstmotivation (auch intrinsische Motivation genannt) liegt das handlungsauslösende Motiv in der Person selber und bezieht sich unmittelbar auf den Inhalt und die Ziele der Aufgabe. Eine der wichtigsten Voraussetzungen für Motivation heißt deshalb: Bringen Sie in Erfahrung, was Ihr Mitarbeiter von sich aus will und für wichtig erachtet. Nur wenn ein Zusammenhang zwischen dem eigenen, inneren Antrieb und den Unternehmenszielen besteht, entsteht eine langfristig beständige Motivation. Klassische Faktoren der intrinsischen Motivation sind:

- inhaltlich attraktive Tätigkeiten,
- Verantwortung,
- Kompetenzerweiterung,
- Weiterqualifikation,
- Anerkennung,
- Leistung.

Von Fremdmotivation (auch extrinsische Motivation) spricht man, wenn von außen kommende Anreize den Mitarbeiter zu Handlungen veranlassen. Leider gilt dabei auch der Umkehrschluss: Fällt der Anreiz weg, ist auch die Motivation dahin. Die extrinsische Motivation zeigt keine dauerhafte Wirkung, das heißt, sie funktioniert nur durch permanent neu eingebrachte Anreize (Incentives).

Typische Anreize sind:

- Geld,
- Status und Titel,
- Privilegien,
- Sicherheit,
- Arbeitsbedingungen.

Motivation heißt Anleitung zur Selbstmotivation

Führungskräfte sollen begeistern und motivieren. Ganz selbstverständlich sprechen wir im Führungsalltag davon, dass die Motivation der Mitarbeiter zu den wichtigsten Aufgaben einer Führungskraft gehört. Doch kann die Führungskraft überhaupt motivieren, wenn die Motive, wie oben festgestellt, im Inneren einer Person liegen und höchst subjektiv sind?

Ein grundlegendes Problem der Fremdmotivation besteht darin, dass Anreizsysteme von den Arbeitsinhalten ablenken. Das Schaubild verdeutlicht das Problem: Motivation im eigent-

lichen Sinne beruht auf der Übereinstimmung der persönlichen Ziele des Mitarbeiters mit den Zielen der Aufgabe. Diese
Passung kann streng genommen nur der Mitarbeiter selbst
herstellen und bewerten. Ist sie einmal erreicht, so wirkt sie
nachhaltig über einen längeren Zeitraum und fördert eigen-
verantwortliches, zielstrebiges Handeln.

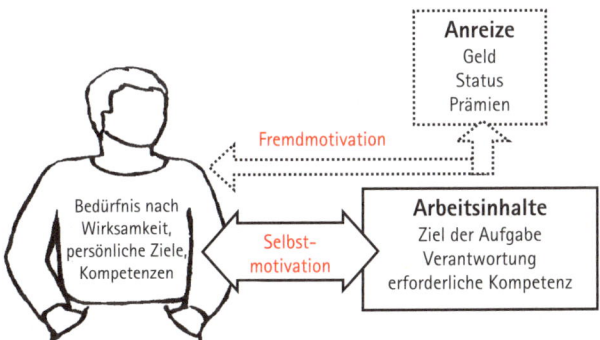

Demgegenüber führt die Motivation von außen durch Anreize,
Belohnungen oder Druck zu einer fatalen Umkehrung der
ursprünglichen Mittel-Ziel-Relation: Der eigentliche Arbeitsinhalt, der ursprünglich das Ziel des Engagements war, wird
nun zum Mittel, durch das die verlockende Vergünstigung,
zum Beispiel der finanzielle Bonus, erreicht werden kann.
Langfristig bricht in der Folge die Identifikation mit dem
eigentlichen Arbeitsinhalt zusammen. In der Praxis führt dies
zu Mitarbeitern, denen es egal ist, an welcher Aufgabe sie in
welchem Team arbeiten, solange die Bezahlung steigt. Das
bedeutet für Sie als Führungskraft: Sie können Motivation

streng genommen nicht von außen erzeugen. Motivation im engeren Sinn liegt in der Verantwortung der Mitarbeiter selbst. Gestalten Sie also die Arbeitsbedingungen so, dass Ihre Mitarbeiter die Möglichkeit haben, sich selbst zu motivieren.

So ermöglichen Sie Selbstmotivation

Die Arbeitsleistung wird letztlich durch das Zusammenspiel von Wollen, Können und Dürfen erbracht. In diesen drei Bereichen sind auch Ihre Möglichkeiten zur Motivation angesiedelt, aber sehr unterschiedlich. Alle Maßnahmen, mit denen Sie die Motivation Ihrer Mitarbeiter mittelbar und unmittelbar beeinflussen, benötigen das direkte, aufmerksame Gespräch.

Zum Wollen motivieren

Mit Wollen, also der Leistungsbereitschaft, ist der in der Person des Mitarbeiters verankerte Wille gemeint, sich für ein Ziel einzusetzen. Dieser ist von der Führungskraft nur indirekt beeinflussbar. Trotzdem gibt es hier Führungsaufgaben von grundlegender Bedeutung. Mitarbeiter registrieren ausgesprochen hellhörig und dankbar, wenn sie nach ihren persönlichen Bedürfnissen und Zielen gefragt werden. Als Führungskraft sprechen Sie dabei Ihre Wertschätzung für und Ihr Vertrauen in den Mitarbeiter aus. Ein partizipativer Führungsstil durch Einbeziehung und Vereinbarung steht auf der Wunschliste der meisten Mitarbeiter ganz oben. Insofern sprechen Sie damit die tieferen Schichten der Leistungsbereitschaft an.

Zum Können motivieren

Das Können, also die Leistungsfähigkeit, bezeichnet die für eine Aufgabe notwendigen Kompetenzen. Diese sind von dem Mitarbeiter zu erarbeiten und können von der Führungskraft indirekt gefördert werden. Es befriedigt uns außerordentlich, mit den eigenen Fähigkeiten Ergebnisse zu erzielen. Gezielte Anerkennung für geleistete Arbeit ist daher eine Form der Rückmeldung, die der Mitarbeiter unmittelbar auf seine Person beziehen kann. Deswegen ist sie hochgradig motivierend. Ebenso wird persönliches Wachstum als Bereicherung erlebt. Durch eine systematische Personalentwicklung, Weiterqualifizierung und einen Personaleinsatz entsprechend der Mitarbeiterkompetenzen fördern Sie aktiv die Motivation.

Durch Dürfen motivieren

Das Dürfen, also die Handlungsbedingungen des Mitarbeiters, ist der vorgegebene, mehr oder weniger große Spielraum, innerhalb dessen Wollen und Können in konkrete Handlungen umgesetzt werden. Diese Komponente der Motivation ist durch den Vorgesetzten direkt zu gestalten. Demotivierende Bedingungen müssen abgeschafft und durch motivierende ersetzt werden. Dazu gehören z. B. die Delegation von Verantwortung oder das Klären von Befugnissen.

Mitarbeiter wollen selbstständig arbeiten. Führungskräfte haben aber oft ein ambivalentes Verhältnis zu diesem Wunsch. Einerseits würden sie dadurch entlastet, andererseits steht ihnen ihr Kontrollbedürfnis im Weg; und außerdem sind selbstständig denkende Mitarbeiter oft widerständige Mitarbeiter, die mit eigenen Vorstellungen kommen, mitentscheiden wollen und nicht mehr so einfach per Anweisung zu führen sind.

Doch Orientierungslosigkeit, enge Spielregeln, Bevormundung, schlechte Arbeitsbedingungen – all das trägt zur Demotivation Ihrer Mitarbeiter bei. Gerade auf die Rahmenbedingungen haben Sie als Führungskraft den größten Einfluss. Schaffen Sie definierte Handlungsfreiräume, die für den Mitarbeiter attraktiv sind, weil er in seinem Wollen und Können gefordert ist.

Checkliste: Motivation

Kenne ich die individuellen Motive meines Mitarbeiters?	
Kennt der Mitarbeiter den Sinn und Nutzen der Abteilungsziele?	
Welche Anreizsysteme werden in meiner Firma eingesetzt? Ist dem Mitarbeiter und mir klar, dass diese nur kurzfristig wirksame Mittel umfassen?	
Über welche Fähigkeiten verfügt mein Mitarbeiter? Wie kann ich seine Kompetenzen weiterentwickeln?	
Vermittle ich dem Mitarbeiter Anerkennung für seine Leistung?	
Kann ich sein Tätigkeitsfeld ausbauen und ihm zusätzliche Verantwortung übertragen?	
Sind dem Mitarbeiter seine Freiräume klar und nutzt er sie?	

Anerkennung geben

Warum Anerkennung schwer fällt

„Passt schon!" Diesen Satz einmal im Jahr vor Weihnachten auszusprechen, gilt oft schon als Superlativ der Anerkennung. Obwohl wir aus eigener Erfahrung wissen, wie gut Anerkennung tut und wie motivierend sie wirken kann, klagen Mitarbeiter aller Hierarchiestufen, dass ihre Vorgesetzten zu wenig loben. Sicherlich, es gibt eine Reihe von Gründen dafür, dass uns Anerkennung so schwer fällt.

- Es besteht keine sachliche Notwendigkeit. Anders als bei Fehlern und Kritik kann gelungene Arbeit kommentarlos zur Kenntnis genommen werden.

- Leistung gilt als selbstverständlich. Mitarbeiter werden zum Arbeiten angestellt und werden auch noch dafür bezahlt. Also verdienen sie Lob nur bei außerordentlicher Leistung.

- Anerkennung macht süchtig. Fängt man einmal damit an, will der Mitarbeiter immer mehr und kommt vielleicht auch noch auf die Idee, anschließend mehr Gehalt zu fordern!

- Auch der eigene Chef gibt keine Anerkennung. Die Luft wird nach oben immer dünner. Gerade Chefs, die sich selbst über zu wenig Anerkennung beklagen, übernehmen das negative Vorbild und geben zu wenig Anerkennung.

Die genannten Gründe führen dazu, dass Anerkennung oft missbraucht wird und sich Vorbehalte aufbauen. Verwenden Sie Anerkennung nicht

- als beschwichtigende Einleitung zu Kritik,
- als Köder zu unangenehmen Aufgaben,
- als pauschale Streicheleinheit,
- als Selbstbeweihräucherung.

Anerkennung wirksam mitteilen

Grundsätzlich gilt: Anerkennung muss eingebunden sein in eine Kultur der Wertschätzung. Sie hat mit Beachtung, Aufmerksamkeit und Respekt zu tun. Fehlen diese Haltungen, dann wirkt Anerkennung aufgesetzt und unehrlich. Das bedeutet auch, dass Anerkennung ein durchgängiges Kennzeichen Ihres Führungsstils sein sollte.

Anerkennung stillt zunächst ein psychosoziales Bedürfnis. Sie führt aber darüber hinaus zu einer unmittelbaren Standortbestimmung im Hinblick auf zu erreichende Ziele. Insofern ist sie ein Instrument des Führens mit Zielvereinbarungen. Die Zielerreichung kommentarlos zu ignorieren ist einer der größten Motivationskiller.

> Richtig verstandene Anerkennung sollte eine selbstverständliche Praxis im Arbeitsalltag sein.

Vier Grundregeln des Anerkennungsgesprächs helfen Ihnen, Anerkennung so zu vermitteln, dass sie bei Ihrem Mitarbeiter in der gewünschten Weise ankommt:

1 Schärfen Sie Ihr Bewusstsein dafür, dass Anerkennung eine durchgehende Haltung im beruflichen Alltag sein muss. Seltene Anerkennung wirkt seltsam. Und denken Sie daran: Anerkennung ist nicht delegierbar!

2 Überlegen Sie, worin der Beitrag des Mitarbeiters zum erreichten Ergebnis besteht. Anerkennung muss begründet und nachvollziehbar sein. Benennen Sie deswegen möglichst konkret seine Fähigkeiten und die erzielte Leistung. Vermeiden Sie Anerkennung nach dem Gießkannenprinzip.

3 Die Anerkennung muss der Leistung und dem Entwicklungsstand des Mitarbeiters angemessen sein. Hüten Sie sich vor unglaubwürdigen Übertreibungen.

4 Finden Sie den passenden Ort und Zeitpunkt für die Anerkennung. Anerkennung sollte zeitnah zur Leistung erfolgen.

Beispiel: Angemessene Anerkennung

Schlecht: „Frau Nölke, das war ja toll, wie Sie das hinbekommen haben!"

Besser: „Frau Nölke, wie ruhig Sie gestern auf die Beschwerde des Kunden Härter reagiert und wie Sie ihm sachkundig die Bedienung des Geräts noch einmal erklärt haben, das fand ich sehr gelungen."

**Checkliste: Die fünf Schritte des
Anerkennungsgesprächs**

1 Nennen Sie in der Eröffnung das Thema und die
  Situation.

2 Stellen Sie einen direkten Zusammenhang her zwischen
  der Leistung des Mitarbeiters und dem Ergebnis.

3 Konkretisieren und personalisieren Sie die Leistung,
  indem Sie die dafür erforderlichen Fähigkeiten des
  Mitarbeiters detailliert beschreiben.

4 Anerkennen Sie auch das Engagement und die gezeigte
  Verantwortung des Mitarbeiters. Ohne diese hätten die
  Fähigkeiten alleine nichts gebracht.

5 Bedanken Sie sich abschließend für das Engagement des
  Mitarbeiters. Bieten Sie weitere Unterstützung an und
  fragen Sie ihn, wie diese aussehen könnte.

Kritikgespräche konstruktiv führen

In aller Regel empfinden Führungskräfte ihre Aufgabe, Kritikgespräche zu führen, als unangenehm. Das ist verständlich,
kann aber gleichzeitig auch ein Hinweis auf eine einseitige
Vorstellung vom Sinn und Zweck des Kritikgesprächs sein.

Unangenehm ist Kritik, weil in ihr Fehler, Schwachstellen und
problematische Verhaltensweisen angesprochen werden. Entsprechend reagiert der Kritisierte schnell mit Ablehnung oder
Rechtfertigung. Deshalb werden Kritikgespräche allzu oft ver-

mieden. Doch langfristig wirkt sich unausgesprochene Kritik ebenso wie falsch vermittelte Anerkennung negativ auf den Respekt der Mitarbeiter gegenüber der Führungskraft aus.

Kritikgespräche sind also zwingend notwendig. Führen Sie sich vor Augen, worum es dabei eigentlich geht: Wollen Sie den anderen mit seinen Unzulänglichkeiten konfrontieren, wollen Sie ihn bloßstellen oder umerziehen? Natürlich nicht! Innere Abwehr angesichts eines bevorstehenden Kritikgesprächs kann ein Hinweis darauf sein, dass Sie noch zu sehr mit der Suche nach Fehlern in der Vergangenheit beschäftigt sind und noch nicht genügend mit dem eigentlichen Sinn des Kritikgesprächs, nämlich den Zielen und Lösungen für eine neue Zukunft.

> Ein Vorgesetzter, der Fehler seiner Mitarbeiter nicht anspricht, handelt verantwortungslos. Doch jede Kritik sollte im Kern ein positives, zukunftsorientiertes Anliegen enthalten.

Vier Grundsätze des Kritikgesprächs

1 Veranschaulichen Sie sich die positive Absicht hinter der Kritik. Suchen Sie Lösungen für eine bessere Zukunft, statt Schuldige zu identifizieren und auf Fehlern in der Vergangenheit herumzureiten.

2 Trennen Sie zwischen der Person und der Sache. Der Person gilt auch im Kritikgespräch eine unbedingte Achtung. Berechtigte Anlässe zu Kritik können sein: eine ungenügende Arbeitsleistung, unannehmbares Verhalten oder eine negative Einstellung.

3   Der Fehler ist in Ihrem Verantwortungsbereich passiert. Bieten Sie dem Mitarbeiter eine angemessene Unterstützung auf dem Lösungsweg an.

4   Seien Sie nicht nachtragend.

Die Vorbereitung des Kritikgesprächs

Kritik muss begründet sein

Keine Kritik ohne klaren Tatbestand. Beruht Ihre Kritik auf nicht belegbaren Informationen, dann gelten Sie schnell als unglaubwürdig oder kleinkariert.

Der eigentliche Grund für die Kritik liegt aber nicht in den Fehlern, die begangen wurden, oder in den problematischen Verhaltensweisen, sondern in den Folgen, die diese nach sich ziehen. Deshalb sollten Sie im Rahmen der Vorbereitung des Kritikgesprächs eine realistische Einschätzung des möglichen Schadens vornehmen. Diesen im Gespräch selbst ohne Über- oder Untertreibungen aufzuzeigen, erzeugt oft einen hohen Veränderungsdruck, ohne dass Sie dabei moralisch werden.

Umgang mit Fremdbeobachtungen

Es wird immer wieder vorkommen, dass Sie Fehlverhalten nicht selbst beobachtet, sondern Hinweise darauf von anderen bekommen haben, zum Beispiel von Kollegen des Mitarbeiters oder von Kunden. Für Sie entsteht daraus eine heikle Situation: Mit Hinweisen auf die persönlichen Motive des „Denunzianten" kann der Kritisierte die schöne Beweislage schnell aushebeln. Gleichzeitig spricht es sich im Team herum, dass Sie sich mit „Petzern" auf Gespräche in Abwesenheit der Kritisierten eingelassen haben.

> Kritik darf nicht auf Informationen aus zweiter Hand oder auf Gerüchten aufbauen. Verzichten Sie auf Kritik, wenn Sie letztlich nur Vermutungen äußern können.

Der eleganteste Umgang mit Fremdbeobachtungen besteht darin, diese als Anregung für eigene, gezielte Beobachtungen zu nutzen. Üben Sie sich in Geduld mit der Kritik, bis Sie zu eigenen, belegbaren Wahrnehmungen und Einschätzungen gekommen sind.

Die zweite Möglichkeit besteht darin, den Informanten aufzufordern, die Kritik dem Beschuldigten selbst vorzutragen. Verbinden Sie dies mit dem Hinweis, er möge sich zuvor über seine Motive und Absichten Klarheit verschaffen, damit die Zusammenarbeit nicht Schaden nimmt.

Leider gibt es ein paar wenige Situationen, in denen beide Möglichkeiten ausscheiden, weil Sie unmittelbar einen größeren Schaden abwenden müssen. Bleiben Sie in diesem Fall im Gespräch möglichst eng an der Sache, bleiben Sie streng lösungsorientiert und vermeiden Sie jeden Vorwurf.

Zusammenhänge berücksichtigen

Arbeit wird unter miteinander verknüpften Bedingungen verrichtet. Selten kann ein Mitarbeiter alle Einflüsse selbst steuern. Insofern ist er auch für die Folgen nicht allein verantwortlich.

Klären Sie vor dem Kritikgespräch, welche Umfeldbedingungen oder welche anderen beteiligten Personen das Fehlverhalten begünstigt haben. Schränken Sie Ihre Kritik entsprechend auf die durch den Mitarbeiter beeinflussbaren Anteile ein.

Den eigenen Beitrag bedenken

Möglicherweise haben Sie unbewusst einen eigenen Anteil an dem Problem. Das kann schneller passieren, als Ihnen lieb ist. Prüfen Sie, ob Sie den Mitarbeiter im Rahmen einer Delegation vielleicht fachlich oder persönlich überfordert haben oder ob Sie ihn aus Zeitmangel zu lange an der langen Leine haben laufen lassen. Überlegen Sie auf jeden Fall, was Sie zur Lösung beitragen können.

Die fünf Schritte des Kritikgesprächs

Die entscheidenden zwei Fragen bezüglich des Zwecks eines Kritikgesprächs lauten:

- Wie können Sie weiteren Schaden für die Zukunft vermeiden, ohne dabei Ihren Mitarbeiter zu demotivieren?

- Wie kann der Mitarbeiter durch Ihre Kritik seine Fachkompetenz verbessern und zu mehr Selbstverantwortung gelangen?

Die einzelnen Schritte des Kritikgesprächs sind auf zwei Ziele gerichtet: Der Mitarbeiter soll sein Fehlverhalten erkennen können und konkrete Lösungen entwickeln.

Schritt 1: Das Gespräch eröffnen

Achten Sie auf eine ernste, aber positive Atmosphäre. Nehmen Sie eine wertschätzende, zugewandte Haltung ein, statt anklagend und kurz angebunden zu sein.

Schritt 2: Das Thema benennen

Nennen Sie den Anlass für das Kritikgespräch und weisen Sie auf die eingetretenen oder möglichen Folgen hin. Diese sind die eleganteste Art, die Kritik zu begründen und die Veränderungsbereitschaft zu fördern. Fassen Sie sich möglichst kurz. Gerade in der Eingangsphase besteht die Gefahr, dass Sie aufgrund Ihrer unangenehmen Gefühle um den heißen Brei herumreden. Je mehr Sie jedoch reden, umso schneller wird sich Ihr Gegenüber an die Wand gedrückt fühlen und in der Folge entweder verstummen oder sich rechtfertigen.

Schritt 3: Das Problem und die Folgen analysieren

Geben Sie den Anstoß dazu, dass der Mitarbeiter nun das Problem, die Situation, die Hintergründe und die Umfeldbedingungen analysiert. Diese Arbeit soll von ihm geleistet werden. Je genauer Sie selbst die Situation erklären, umso wahrscheinlicher wird es, dass Sie sich in einem nebensächlichen Detail irren. Dies kann der Mitarbeiter nutzen, um vom eigentlichen Thema abzulenken und Sie in Rechtfertigungsnot zu bringen. Außerdem wird er sich an Ihren Sichtweisen und Urteilen ausrichten. Im Hinblick auf die Personalentwicklung jedoch kann es für Sie jenseits des aktuellen Problems interessant sein, zu erfahren, wie der Mitarbeiter denkt, urteilt und handelt.

Der zweite Teil der Analyse gilt der Abschätzung der Folgen des Fehlers. Die Tragweite eines Fehlers ist den Mitarbeitern oft nicht bewusst oder wird von ihnen aus Angst vor Sanktionen heruntergespielt. Doch erst dann, wenn wir einen durch unser eigenes Tun entstandenen Schaden unverzerrt wahrnehmen, können wir die Verantwortung dafür übernehmen und nach Lösungen suchen.

Im Anschluss an die Erläuterungen des Mitarbeiters schildern Sie ihm Ihre eigene Sichtweise, und gehen Sie dann in ein abgleichendes Gespräch.

Schritt 4: Lösungen suchen und konkretisieren

Die Erfahrung zeigt, dass Lösungen, die man nicht selbst erarbeitet hat, selten umgesetzt werden. Auch hier gilt deswegen die Regel: Geben Sie dem Mitarbeiter zunächst Gelegenheit, seine Ideen dazu, wie er Arbeitsabläufe verbessern und seine Verhaltensweisen ändern kann, zu sammeln. Fügen Sie erst anschließend Ihre eigenen Überlegungen hinzu.

Nach Verbesserungsvorschläge gesammelt wurden, verständigen Sie sich über die Vor- und Nachteile der Lösungen und ihre Bewertung. Helfen Sie, die Vorschläge zu verbessern, anstatt sie zu verwerfen. Nach der Wahl der Lösung ist es wichtig, erste konkrete Schritte zur Umsetzung abzusprechen, die die Veränderung absichern und die kontrolliert werden können.

Schritt 5: Das Gespräch abschließen

Am Ende dieses für beide Seiten emotional belastenden Gesprächs können Sie die Gesprächsatmosphäre kurz reflektieren und einen wertschätzenden Abschluss finden. Etwaige Missverständnisse und Kränkungen sollten spätestens jetzt bereinigt, offen Gebliebenes sollte ausgesprochen werden. Versichern Sie dem Mitarbeiter Ihren unveränderten Willen zur Kooperation und vereinbaren Sie ein weiteres Gespräch zur gemeinsamen Überprüfung des Erfolgs der vereinbarten Maßnahmen.

Wie Sie das Gespräch einfühlsam und zielgerichtet führen

- Manche Führungskräfte schwören darauf, wie wirksam Kritik im Rahmen eines Abteilungsgesprächs vor den versammelten Kollegen ist. Stimmt. Beschämung will keiner ein zweites Mal erleben. Trotzdem: Kritik sollte in einem geschützten Rahmen unter vier Augen erfolgen.

- Auch wenn Kritik etwas Unangenehmes ist: Schieben Sie das Gespräch nicht auf. Kritik sollte anlassbezogen und möglichst zeitnah geübt werden.

- Hüten Sie sich vor moralischen Appellen. Die Bereitschaft zur Veränderung erhöhen Sie viel eher dadurch, dass Sie die Folgen des Fehlers sachlich aufzeigen.

- Bleiben Sie bei einem konkreten Beispiel, das Ihre Kritik nachvollziehbar macht. Weitere Beispiele und Generalisierungen wie „immer" oder „nie" erhöhen nur den Rechtfertigungsdruck.

- Zitieren Sie nach Möglichkeit keine Beurteilungen von Personen, die an dem Gespräch nicht teilnehmen.

- Führen Sie sich schon vor dem Gespräch eine Verhaltensweise des Mitarbeiters vor Augen, die Sie an ihm schätzen. Das Gespräch wird an Schärfe verlieren – nicht an Klarheit –, und beide Seiten werden es als weniger unangenehm empfinden.

- Wenn der Mitarbeiter Einsicht zeigt, erkennen Sie dies unmittelbar im Gespräch an und bieten Sie ihm Ihre Unterstützung an.

Beispiel: Formulierung von Kritik

Schlecht: „Unterbrechen Sie mich während der Sitzungen nicht immer mit ihren weitschweifig Kommentaren."

Besser: „Ich möchte gerne mit Ihnen über Ihre Beiträge während der Teambesprechung gestern reden. Sie haben mich mit längeren Wortmeldungen mehrmals unterbrochen. Ich bin dadurch aus dem Konzept gekommen. Finden Sie sich in meiner Wahrnehmung wieder? Ich möchte Sie bitten, mich in Zukunft aussprechen zu lassen und sich kürzer zu fassen."

Schwieriges Mitarbeiterverhalten

Die Ankündigung eines Kritikgesprächs löst beim Kritisierten verständlicherweise Angst aus und setzt ihn unter Rechtfertigungsdruck. Dadurch werden Verhaltensweisen provoziert, die die Gesprächsatmosphäre belasten und die Klärung erschweren.

Die Kritik wird angezweifelt

Der Mitarbeiter hegt die unterschwellige Hoffnung, dass ihm nichts mehr vorgeworfen werden kann, wenn er Fehler in der Wahrnehmung des Vorgesetzten findet. Faktisch entwickelt sich daraus ein unerquicklicher Streit über richtig und falsch, der beide gegeneinander aufbringt.

Bewahren Sie innerlich die Ruhe. Nicht Ihre Argumente sind falsch, sondern der Mitarbeiter steckt in der Rechtfertigungsrolle und hat Angst, Ihre Wertschätzung zu verlieren. Nehmen sie dem Gespräch die Dramatik, indem Sie

- unnützen Streit darüber vermeiden, ob die vorgetragene Kritik im Detail richtig ist,
- die Grundaussage nochmals hervorheben und
- zum Gespräch über die individuellen Sichtweisen einladen.

Nicht der Fehler selbst ist das aktuelle Problem im Gespräch, sondern der Umstand, dass er unterschiedlich eingeschätzt wird. Thematisieren Sie die Hintergründe, die zu den verschiedenen Sichtweisen führen.

Zur Rechtfertigung werden andere angegriffen

Die Schuld wird auf andere abgeschoben, um von den eigenen Fehlern abzulenken. Lassen Sie sich nicht auf eine Diskussion darüber ein, was die anderen hätten anders machen können. Signalisieren Sie Verständnis dafür, dass natürlich auch andere an der Situation beteiligt waren. Jetzt steht aber der Beitrag des Mitarbeiters zum Problem im Zentrum des Gesprächs. Bitten Sie ihn, seinen Anteil nun aus seiner Sicht genauer darzustellen.

Beispiel: Ablenkungsmanöver durchkreuzen

Mitarbeiter: „Hätte der Kollege Schneider mich nur früher über die Verzögerung informiert, so wäre mir genügend Zeit geblieben, um noch ..."

Führungskraft: „Natürlich hat auch Herr Schneider einen Teil dazu beigetragen. Im Gespräch jetzt mit Ihnen möchte ich über Ihren Anteil sprechen. Momentan delegieren Sie Ihre Rettung an den Herrn Schneider und überlegen, was er verändern könnte. Mich interessiert auch nicht die Schuldfrage, sondern wie Sie Ihre Verantwortung in dieser Situation einschätzen und welche Verbesserungen Sie selbst herbeiführen können."

Der Fehler wird sofort eingestanden

Manchmal überrascht Sie der Kritisierte mit einem unmittelbaren Eingeständnis seiner Schuld, verbunden mit einer Leidensmine und der Beteuerung, dass schon morgen alles besser werden wird. Doch manchmal ist dies nur eine Taktik, um der unbequemen Situation möglichst schnell entfliehen zu können.

Nachhaltige Veränderungen setzen jedoch das klärende Gespräch voraus. Sichern Sie zu, dass es Ihnen nicht um Schuld geht, sondern um Lösungen für die Zukunft. Und um diese zu finden, sind jetzt ein tieferes Verständnis der Situation und genügend Zeit nötig, um Veränderungen konkret zu benennen und zu vereinbaren.

Checkliste: Vorbereitung und Durchführung eines Kritikgesprächs

Vorbereitung

- Überprüfen Sie die eigene Wahrnehmung und die zu kritisierenden Tatbestände.

- Führen Sie sich eine geschätzte Eigenschaft des Mitarbeiters vor Augen.

- Formulieren Sie das positive Anliegen und das Ziel, das im Anschluss an die Kritik diskutiert werden soll.

- Benennen Sie bereits bei der Terminvereinbarung für das Gespräch die zu besprechende Situation und geben Sie dem Mitarbeiter die Möglichkeit, sich vorzubereiten.

Durchführung

- Zeigen Sie ehrliche und konkrete Wertschätzung für die Gesamtleistung des Mitarbeiters.

- Nennen die das zu besprechende Thema / Verhalten.

- Lassen Sie den Mitarbeiter die Situation und ihrer Hintergründe schildern.

- Erklären Sie Ihre Sicht und die Folgen, die das Verhalten des Mitarbeiters hatte.

- Diskutieren und analysieren Sie Unterschiede, fassen Sie gemeinsame und trennende Sichtweisen zusammen

- Vereinbaren Sie Änderungen und Ergebnisse für die Zukunft.

- Vereinbaren Sie einen Folgetermin, bei dem Sie das Thema noch einmal reflektieren und die eingetretenen Veränderungen einschätzen.

- Bieten Sie angemessene Unterstützung für die Umsetzung an. Versuchen Sie, nicht nachtragend, sondern lösungsorientiert zu sein.

Teamorientierte Führungstechniken

Nur wenige Projekte lassen sich im Alleingang durchziehen. Die Arbeit in Teams gehört zu Ihrem Alltag als Führungskraft, und das Miteinander im Team stellt Sie vor spezielle Anforderungen.

Lesen Sie in diesem Kapitel, wie Sie

- ein Team mit verschiedenen Experten führen,
- Besprechungen zielgerichtet steuern und
- Konflikte konstruktiv lösen.

Teams führen

Personalführung bedeutet meistens, nicht nur einen, sondern mehrere Mitarbeiter zu führen, die gemeinsam an einer Aufgabe arbeiten. Die Entscheidung für eine teamorientierte Führung halten Kritiker für eine Modeerscheinung. Jede bedeutende Erfindung der Menschheit beruht, so ihre Argumentation, auf der Einzelleistung eines genialen Geistes.

Doch ist dies zu kurz gedacht. Von der Erfindung bis zum brauchbaren Produkt ist es ein weiter Weg, der das Zusammenwirken unterschiedlichster Fähigkeiten unabdingbar macht. In Zeiten, in denen Hierarchien abgeflacht werden, Abteilungen dadurch größer werden, Verantwortung nach unten verlagert wird, Aufgaben immer komplexer und Mitarbeiter anspruchsvoller werden, wird Teamarbeit zu einem Muss. Doch Teamarbeit ist nicht dasselbe wie Gruppenarbeit, und für die Führung von Teams gelten Besonderheiten.

Der Nutzen von Teamarbeit

Unser stetig wachsendes Wissen führt dazu, dass zuweilen schon alltägliche Aufgabenstellungen so komplex sind, dass sie von einem Einzelnen kaum mehr bewältigt werden können. Experten mit unterschiedlichen Fähigkeiten müssen koordiniert werden, um die Zielvorgaben zu erreichen. Es gilt die Faustregel: Komplexe Probleme lassen sich nur von komplexen Systemen lösen – Teams also.

Hinzu kommt, dass sich Veränderungen in immer kürzeren Zeiträumen und -abständen vollziehen. Nicht die Großen fressen die Kleinen, sondern die Schnellen die Langsamen. Funktionierende Teams mit engagierten Mitarbeitern sind in der Lage, auf Veränderungen schnell zu reagieren und neue Strategien in kurzer Zeit umzusetzen.

Das Engagement und damit die Arbeitsleistung des Einzelnen steigt, wenn er in Entscheidungen einbezogen wird und wenn seine Fähigkeiten berücksichtigt werden. Deshalb zeichnen sich Teammitglieder oft durch hohe Motivation aus.

In Teams diskutieren die Experten offen und direkt miteinander. Mit der Vielzahl der Sichtweisen steigt die Qualität der Entscheidungen. Teammitglieder sind auf das Teamziel, nicht die Einzelleistung ausgerichtet. Deswegen denken sie füreinander mit, versorgen sich mit Informationen und unterstützen sich.

Was Teams so besonders macht

Ein Team ist eine Gruppe von im Idealfall fünf bis neun Mitarbeitern mit unterschiedlichen, sich ergänzenden Fähigkeiten, die ein gemeinsames Ziel verfolgen, nach selbst vereinbarten Regeln zusammenarbeiten und sich gegenseitig unterstützen, um bessere Ergebnisse zu erzielen. Teams zeichnen sich im Gegensatz zu Arbeitsgruppen durch die im Folgenden aufgeführten Merkmale aus.

Führung

- Die Teammitglieder sind in alle relevanten Entscheidungsprozesse einbezogen.

- Schlüsselpositionen können auch von Teammitgliedern, nicht nur der Leitung, besetzt werden.
- Die Hierarchie ist flach, und die Teamleitung versteht sich als Coach und Koordinator der Teammitglieder.
- Auch wenn die Leitung nach außen klar definiert ist, wird die Macht innerhalb des Teams partizipativ ausgeübt.

Zusammenarbeit

- Im Team wird kooperativ zusammengearbeitet mit einem klaren Bewusstsein der unterschiedlichen Fähigkeiten und Stärken und dem Willen zur gegenseitigen Unterstützung.
- Die Teammitglieder vertrauen einander und akzeptieren ihre wechselseitige Abhängigkeit.
- Sie pflegen eine Kultur der Transparenz und einen engen persönlichen Austausch.
- Konkurrenz bezieht sich auf die Außenwelt.

Zielorientierung

- Die Teamziele sind aus den Unternehmenszielen abgeleitet und den Mitarbeitern bekannt.
- Die Einzelziele sind aufeinander abgestimmt. Die Teammitglieder identifizieren sich mit dem übergeordneten Gesamtziel.
- Die Ziele werden von den Teammitgliedern durch ständige Innovation fortgeschrieben.

Motivation

- Selbstmotivation der Teammitglieder durch Einbeziehung, Verantwortungsdelegation und große persönliche Freiheiten in der Arbeitsgestaltung; kaum auf den Einzelnen bezogene Anreize von außen.

- Die Motivation entstammt dem Arbeitsinhalt und der Zusammenarbeit. Herausforderungen werden begrüßt.

Arbeitsansatz

- Es gibt gemeinsam festgelegte Regeln und Strukturen zur Erfüllung von Aufgaben.

- Teambesprechungen mit gleichberechtigter Beteiligung und offenen Diskussionen sind fest verankert.

- Die kollektive Bestleistung wird gesucht und Synergieeffekte werden genutzt.

Teamrollen

Mitarbeiter sind sich meist nur ihrer funktionalen Rolle im Team bewusst, zum Beispiel ihrer Rolle als Ingenieur oder Marketingexperte. Was ein Team von einer Arbeitsgruppe unterscheidet, ist aber gerade seine heterogene Zusammensetzung nach individuellen Fähigkeiten, die jenseits der Fachlichkeit im Zusammenspiel für eine gute Leistung sorgen. Die für ein Team notwendigen Begabungen lassen sich nach Belbin anhand von acht Rollen beschreiben (Belbin, Managementteams: Erfolg und Misserfolg, 1996). Tragen Sie in die rechte Spalte der Tabelle (MA = Mitarbeiter) ein, wer in Ihrem

Team welche Rollenbesetzt. Dabei kann eine Person mehrere Rollen ausfüllen. So können Sie feststellen, welche Begabungen in Ihrem Team vorhanden sind oder noch fehlen.

Teamrolle	Fähigkeiten	MA
Typ „Intellektuelle"		
Erfinder	kreativ, fantasievoll, visionär, unorthodox, löst Probleme	
Beurteiler	nüchtern, scharfsinnig, strategisch, realitätsnah	
Typ „Arbeiter"		
Vollender	sorgfältig, gewissenhaft, perfektionistisch, findet Fehler	
Umsetzer	praxisorientiert, effizient, konservativ, zupackend	
Typ „Vermittler"		
Außenminister	kommunikativ, extrovertiert, charismatisch, enthusiastisch	
Innenminister	sozial, sensibel, integrierend, aufmerksam, sanft	
Typ „Teamführer"		
Koordinator	kooperativ, vermittelnd, prozessorientiert, kontaktfähig	
Gestalter	dynamisch, erfolgsorientiert, motivierend, fordernd	

Teamentwicklung

Wo Team draufsteht, ist allzu oft nur eine Arbeitsgruppe mit Individualisten drin. Der Begriff Team wird inflationär für jede Form von Zusammenarbeit gebraucht. Damit Ihre Mitarbeiter tatsächlich ein Team bilden, müssen Sie als Teamleiter die folgenden Bedingungen schaffen:

1 **Doppelte Rollen**: Jedes Teammitglied vertritt eine funktionale Rolle (zum Beispiel Designer), die allen bekannt ist, und eine Teamrolle (der Designer hat im Team die Rolle des Innenministers), die selten veröffentlicht ist. Sorgen Sie für Transparenz hinsichtlich der Teamrollen. Dies ist die Voraussetzung dafür, dass jeder weiß, welche Unterstützung jenseits der fachlichen Verantwortung wer im Team geben und brauchen kann.

2 **Rollenbalance:** Jedes Team braucht eine optimale Balance der Teamrollen. Diese hängt wiederum ab von den spezifischen Aufgaben der Abteilung. Beispielsweise braucht ein Entwicklungsteam mehr Erfinder als Umsetzer. Achten Sie bei der Besetzung der Planstellen neben der Fachlichkeit auf die Begabung für spezielle Teamrollen.

3 **Rollentransparenz:** Durch Transparenz hinsichtlich der Teamrollen fällt es den Mitarbeitern leichter, den unterschiedlichen Eigenarten der Kollegen mit Wertschätzung zu begegnen. Helfen Sie den Mitarbeitern durch konstruktives Feedback sich richtig einzuschätzen, Teamrollen entsprechend ihrer persönlichen Fähigkeiten zu besetzen und sich über die Unterschiede hinweg zu unterstützen. Binden Sie in Teilprojekten Mitarbeiter mit komplemen-

tären Begabungen zusammen; in funktionierenden Teams wird die Verschiedenheit als anregende Herausforderung gesehen.

4   **Rollenflexibilität:** Fördern Sie die Rollenflexibilität. Gerade wenn die verborgenen Qualitäten der Mitarbeiter ans Licht kommen, entsteht oft eine positive Energie, und Veränderungen werden als Chancen begriffen. Dies gilt auch für die Führungsrolle: Überlassen Sie begabten Mitarbeitern in Teilbereichen die Führung!

5   **Teamziele.** Formulieren Sie klare Teamziele und stellen Sie das Gesamtziel über die Einzelleistungen – erkennen Sie aber ausdrücklich den individuellen Beitrag der Mitarbeiter zum übergeordneten Ziel an.

6   **Teamgröße:** Achten Sie auf eine effiziente Größe der Teams. Fünf Köpfe und mehr bieten ein Höchstmaß an Kreativität, über neun wird es wieder schwierig, vertiefend zu diskutieren. Bilden Sie wechselnde Arbeitsgruppen zu speziellen Themen, um die Teamgröße im Rahmen zu halten.

Einzel- oder Teamarbeit?

Es wäre verfehlt, für jede Aufgabe ein Team zu bilden. Im Alltag stehen Führungskräfte ständig vor der Frage, wie viele Mitarbeiter sie in eine Entscheidung oder in die Erfüllung eines Auftrags einbeziehen sollen. Viele Arbeiten lassen sich von einer einzelnen Person effizienter erledigen als von einer Gruppe, deren Verständigungsprozesse unweigerlich Zeit kosten.

- Einzelarbeit ist Teamarbeit immer dann vorzuziehen, wenn die Aufgabe klar abgegrenzt werden kann, wenig Schnittstellen zu anderen Fachgebieten aufweist und keine Folgen auf lange Sicht zeitigt, die das Gesamtteam zu verantworten hat.

- Teamarbeit ist bei allen strategischen Fragestellungen vorzuziehen, da viele Augen mehr sehen, außerdem dann, wenn die Komplexität der Aufgabe es erfordert, dass unterschiedliches Expertenwissen zusammenkommt.

Aufgaben der Teamleitung

Insbesondere die Führung von Teams verlangt es, dass die Führungskraft sich selbst zurücknimmt und ihre Aufmerksamkeit auf die Mitarbeiter richtet. Eitelkeit und ein übertriebenes Kontrollbedürfnis verhindern den Führungserfolg! Eine gute Teamleitung wird sich als Coach definieren, dessen Aufgabe vorrangig darin besteht, die Mitarbeiter und die sozialen Prozesse innerhalb des Teams zu unterstützen.

Ob Sie als Führungskraft im Rahmen der oben beschriebenen Führungsrollen sich stärker als Gestalter oder als Koordinator sehen, hängt von Ihrer Persönlichkeit ab. Wichtig ist allein, dass Sie bereit sind, den anderen Raum zu lassen und Verantwortung abzugeben.

Folgende Aufgaben stehen im Mittelpunkt:

- gemeinsame Ziele formulieren,
- die Teammitglieder koordinieren,

- Arbeitsstrukturen und Prozesse vereinbaren,
- die Teammitglieder kritisch unterstützen,
- Konflikte bereinigen,
- das Team nach außen repräsentieren,
- Erfolge feiern,
- die ständige Weiterqualifizierung fördern.

Besprechungen moderieren

Jeder kennt das: In unzähligen Meetings geht viel Zeit verloren! Vor lauter Sitzungen bleibt die eigentliche Arbeit liegen. Und doch gibt es keine Alternative: Besprechungen müssen sein. Die Arbeit in Gruppen wird immer wichtiger, Informationen müssen zwischen immer mehr Menschen ausgetauscht und die Arbeit der Spezialisten muss koordiniert werden. Wie können Besprechungen effizient und ergebnisorientiert gestaltet werden?

Der Schlüssel hierzu ist eine gute Moderation, das heißt die zielgerichtete Steuerung des Besprechungsablaufs. Sie ermöglicht es den Teilnehmern eines Meetings, ihre unterschiedlichen Fähigkeiten und Erfahrungen geltend zu machen und an der Erarbeitung des gewünschten Besprechungsergebnisses mitzuwirken.

Vier Prinzipien der Moderation

1 **Partizipation:** Lösungen werden durch die gemeinsame und gleichberechtigte Arbeit der Besprechungsteilnehmer entwickelt. Die Moderation unterstützt den Weg zum Ziel.

2 **Eigenverantwortung:** Die Teilnehmer tragen selbst die Verantwortung für das Einbringen ihrer Fachkompetenz, ihrer Sichtweisen und Bedürfnisse. Sie sprechen auf eine konstruktive Weise für sich und ihren Arbeitsbereich und fragen nicht nach dem Erwarteten oder Erlaubten. Sie übernehmen Verantwortung für die eigenen Interessen ebenso wie für die Gruppe und das Thema.

3 **Gleichberechtigung:** Unabhängig von seiner Position in der Hierarchie bekommt jeder gleichen Raum und gleiches Stimmrecht.

4 **Transparenz:** Die Meinungsbildung, die Zusammenarbeit und die Entscheidungsfindung werden so gestaltet, dass die Prozesse für alle nachvollziehbar sind.

Die Rolle der Besprechungsmoderation

Angesicht der oben genannten Prinzipien regt sich vielleicht Widerspruch: Ihre Erfahrungen besagen, dass Teilnehmer nicht immer eigenverantwortlich handeln, Wortmeldungen nicht gleich behandelt werden, der Prozess ohne erkennbaren roten Faden gesteuert wird und die Besprechung eher zur Selbstdarstellung weniger als zur gemeinsamen Meinungsbildung aller genützt wird.

Besprechungen kranken oft an mangelnder Führung. Doch auch das praktizierte Führungsverständnis kann einem gelungenen Ablauf im Wege stehen. Klassische Besprechungen waren Veranstaltungen, in denen der Chef den Mitarbeitern seine Vorstellungen darlegte. Demgegenüber sind Besprechungen heute Instrumente der Teamarbeit. Dies zeigt sich auch im Wechsel des Rollenverständnisses: Sprach man früher von der Besprechungs*leitung*, so spricht man heute von der Besprechungs*moderation*. Die folgende Gegenüberstellung gibt Ihnen Hinweise auf die Rolle, die zu Ihrem Führungsstil und der Besprechungssituation passt.

Der Leiter ist …	Der Moderator ist …
hierarchisch Vorgesetzter	Dienstleister der Gruppe
für den Inhalt verantwortlich	Initiator und Koordinator
Experte in der Sache	Experte für Methoden
Beurteiler, Entscheider	Katalysator
Ermahner bei Unsachlichkeiten	Mediator in Konflikten

Ein Moderator ist dann am besten, wenn die Menschen kaum wissen, dass er existiert. Nicht so gut, wenn die Menschen ihm gehorchen oder zujubeln. Schlecht, wenn sie ihn verachten. (Nach Laotse)

Wann moderieren?

Je nach der Art beziehungsweise dem Zweck der Besprechung liegt ein mehr leitender oder mehr moderierender Stil nahe.

- **Information:** Die reine Information steht im Vordergrund, Verständnisfragen sind notwendig, Lösungen müssen nicht gemeinsam erarbeitet werden. Sie können Zeit sparen, indem Sie Präsentationstechniken verwenden und das Gespräch straff leiten.

- **Problemlösung:** Beziehen Sie Experten mit unterschiedlichen Sichtweisen auf das Problem ein. Eröffnen Sie beurteilungsfreie Räume, in denen jeder Ideen spinnen kann. Fördern Sie die gleichberechtigte Kommunikation untereinander durch Moderationstechniken, die das Problemverständnis der Gruppe vertiefen und die Kreativität anregen.

- **Entscheidung:** Klären Sie zu Beginn, in welchem Ausmaß die Besprechungsteilnehmer an der Entscheidung beteiligt werden. Je nach dem, welche Art der Beteiligung vorgegeben ist, werden Sie die Entscheidungsfindung straff leiten oder als offenen Prozess moderieren.

Die zielgerichtete Vorbereitung

In der Praxis nehmen wir uns selten genügend Zeit für die Vorbereitung. Die vermeintlich eingesparte Zeit geht allerdings meist ganz schnell wieder verloren, wenn es während der Besprechung zu ausufernden Diskussionen kommt.

> Die Klarheit und Ruhe, die Sie durch die gute Vorbereitung einer Bespre-
> chung für sich gewinnen, überträgt sich auf die Teilnehmer und erleich-
> tert die Moderation.

Inhaltliche Vorbereitung

Hier stehen vier Fragen im Zentrum:

- Ist der Auftrag genau definiert?
- Was ist das Ziel der Besprechung?
- Bin ich als Moderator mit dem Thema vertraut? Was muss ich dazu noch in Erfahrung bringen?
- Sind die Tagesordnung und die Materialien zur inhaltlichen Vorbereitung an die Teilnehmer weitergegeben worden?

Teilnehmer bestimmen

Wählen Sie die Teilnehmer sorgfältig aus, denn jedes unmoti-
vierte Besprechungsmitglied stört den Ablauf und kostet Zeit.
Kriterien für die Auswahl sind:

- Verfügt der Mitarbeiter über das nötige Fachwissen?
- Ist er von den Entscheidungen direkt betroffen?
- Ist er aus „politischen" Gründen unverzichtbar?
- Repräsentiert er Informationen oder Meinungen, die für die Abstimmung notwendig sind?
- Ist die Anzahl der Teilnehmer der Aufgabe angemessen?
- Wer sollte über die Besprechung zumindest informiert werden?

Methodische Vorbereitung

- Welche Elemente sind für einen zielgerichteten Ablauf wichtig?
- Welche Methoden und Materialien sind für die Steuerung des Gruppenprozesses sinnvoll?
- Wie sollen Inhalte visualisiert und dokumentiert werden?

Organisatorische Vorbereitung

- Sind Zeit und Ort festgelegt?
- Ist eine Sitzordnung bestimmt, die entsprechend der Inhalte und Methoden die Arbeit mit Moderationsmaterialien ermöglicht?
- Stehen die Arbeitsmittel und Geräte bereit?
- Ist für Verpflegung und Pausen gesorgt?

Die sechs Phasen der moderierten Besprechung

Phase 1: Eröffnung

Die Arbeitsfähigkeit einer Gruppe ist erst dann gegeben, wenn die Grundbedürfnisse des Menschen nach Orientierung, Sicherheit und Anerkennung gestillt sind. Dies ist die eigentliche Moderationsaufgabe zu Beginn einer Besprechung. Geben Sie mit einer Agenda Orientierung über Inhalte und Ablauf. Klären Sie durch vorbildhaftes „walking like talking" oder durch ausgesprochene Regeln, wie die Zusammenarbeit ausschauen soll. Starten Sie mit einer wertschätzenden und motivierenden Anmoderation ins Thema.

Beispiel: Anmoderation

 Trocken: „Schön, dass Sie wieder der Einladung gefolgt sind." Lebendig: „Ich freue mich, dass Sie sich Zeit genommen haben, um mehrere wichtige Entscheidungen miteinander erarbeiten zu können. Lassen Sie mich mit einem Bild ins Thema einführen …"

Geben Sie der Einstiegsphase einen spielerischen Charakter. Wichtig ist noch nicht das Thema, sondern dass die Teilnehmer auf das Thema neugierig werden und Vertrauen zueinander aufbauen. Nutzen Sie die Kraft der Bilder, eine beispielhafte Erfahrung oder eine provozierende These zur Animation.

Phase 2: Vorstellung/Aufstellung der Tagesordnung

In einer klassischen Besprechung wird bereits eine Liste mit Tagesordnungspunkten vorliegen. Stimmen Sie zur Orientierung der Teilnehmer die Besprechungspunkte nochmals ab. Es gibt vermutlich nicht nur einen, der sich auf die Besprechung nicht vorbereiten konnte …

In einer Moderation, die möglichst viele Details unter Einbeziehung der Betroffenen erarbeitet, werden die einzelnen Diskussionspunkte oft erst mit den Teilnehmern zusammengetragen. Dies hat den Vorteil, dass die die persönliche Identifikation mit den Themen wächst.

Parallel zu den ersten inhaltlichen Aussagen klären die Teilnehmer jetzt unterschwellig ihre Position in der Gruppe und die geltenden Regeln. Achten Sie auf die Atmosphäre, die

Kultur des Miteinanders. Sprechen Sie Störungen an, um arbeitsfähig zu werden.

Phase 3: Bearbeitung der Themen

Klären Sie zunächst, was das Ziel der gemeinsamen Arbeit ist. Um welche Art der Besprechung geht es nun? Sollen nur Informationen ausgetauscht werden? Oder müssen Probleme analysiert und Lösungen gefunden werden? Haben die Teilnehmer beratende Funktion oder sind sie zur Mitentscheidung aufgefordert?

Für die Bearbeitung haben Sie je nach Auftrag und Situation ein ganzes Bündel an Methoden zur Verfügung, zum Beispiel:

- Fragetechniken und „Fragefolgen" (zum Beispiel Fadenkreuz),
- Pinwandtechnik zur Visualisierung,
- Kreativitätstechniken zur Perspektiverweiterung,
- Arbeit in kleinen Untergruppen oder im Plenum.

Phase 4: Sammlung der Lösungen, Beschlussfassung

Nachdem das Thema aus unterschiedlichen Blickwinkeln beleuchtet und diskutiert wurde, werden jetzt Lösungen gesammelt. Trennen Sie die Lösungssuche von der Beurteilung der Lösungsqualität. Die Gefahr ist zu groß, dass im Kern gute Lösungsansätze aufgrund nebensächlicher, noch nicht geklärter Details im Keim erstickt werden und der Ideengeber dies persönlich nimmt.

Verständigen Sie sich vor der Bewertung auf gemeinsame Beurteilungskriterien. Die Gruppe wird sich unter dieser Voraussetzung mit dieser sensiblen Phase leichter tun. Das grundsätzliche Bewertungskriterium ist das im Auftrag beschriebene Ziel.

Fragen Sie nach der Beschlussfassung diejenigen, die ihre Schwierigkeiten mit der Lösung signalisiert haben, in welchem Ausmaß sie die Umsetzung der Lösung mittragen können. Auch wenn Sie keine genaue Antwort erhalten, können Sie Skeptiker so ins Boot holen.

Phase 5: Planung von Maßnahmen

Nun geht es um die Handlungsorientierung. Ergebnisse und Lösungen müssen in konkrete Arbeitspakete übersetzt, diese müssen gegliedert, zeitlich definiert und auf Mitarbeiter aufgeteilt werden. Je enger die Teilnehmer in die Lösungssuche einbezogen waren, umso mehr engagieren sie sich bei der Umsetzung.

Die Planung wird im Protokoll oder einem gesonderten Aktionsplan festgehalten. Vergessen Sie nicht die Planung der Kontrolle. Bedenken sie dabei: Je konkreter die Arbeitspakete vereinbart werden, umso leichter können sie umgesetzt und kontrolliert werden.

Beispiel: Kontrolle planen

Schlecht: „Wir treffen uns demnächst, um den Lagerbestand zu überprüfen."

Besser: „Herr Epping und Herr Maier treffen sich morgen um 10 Uhr in der Lagerhalle B, um die Bestände XY zu überprüfen. Die Rückmeldung erfolgt bis ..."

Phase 6: Abschluss

Die inhaltliche Arbeit ist beendet. Jenseits der Sache ist es wichtig, die Zusammenarbeit nun positiv zu beenden. Dazu gehören die folgenden Punkte:

- offen gebliebene Fragen zusammentragen,
- das Ergebnis würdigen und je nach Art feiern,
- die Zusammenarbeit kurz reflektieren,
- klären, wie es weitergeht und wann das nächste Treffen stattfindet,
- Zeit für persönliche Abschiede geben.

Methoden der Besprechungsmoderation

Fischgrätentechnik

Mit dieser Methode unterstützen Sie die Gruppe bei der Analyse der Ursachen eines Problems und vermindern die Gefahr, dass sie sich auf unwichtige Nebenschauplätze verirrt. Erarbeiten Sie zunächst die Überschriften der einzelnen Gräten, dann die Details.

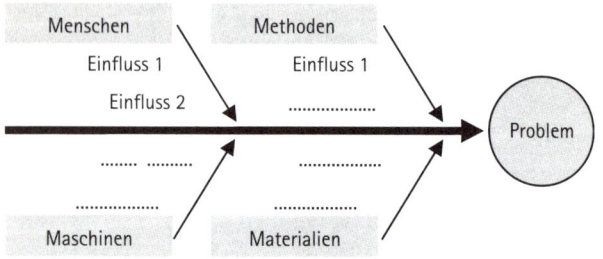

Fragefolgen

Nach der Problemanalyse folgt die Phase der umsetzungs-orientierten Bearbeitung der Themen. Hierzu bieten sich in einem Fadenkreuz gebündelte Fragefolgen an, die das Denken nach vorn führen und die Gefahr vermindern, dass sich die Gruppe in Einzelfragen verzettelt. Entwerfen Sie je nach Thema eigene Überschriften.

Beispiel: Fadenkreuz zur Bündelung von Fragen

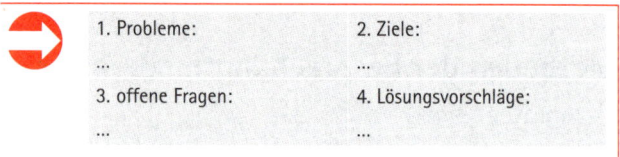

Umgang mit Einwänden

Hinter einem Einwand können unterschiedliche Absichten stehen: Er kann ernsthaft, ablehnend, wichtigtuerisch oder ironisch gemeint sein. Der Ton macht die Musik.

Hören Sie auf die Stimmung, in der der Einwand vorgetragen wird, um angemessen reagieren zu können. Dabei können Sie auch den berechtigten Kern eines konstruktiven Einwands aufspüren. Keinesfalls sollten Sie sich persönlich angegriffen fühlen. Fragen Sie ruhig und sachlich nach.

> Einwände sind für sich genommen noch kein schlechtes Zeichen. Sie zeugen vielmehr von Engagement.

Im Umgang mit Einwänden sind die folgenden Vorgehensweisen hilfreich:

- Signalisieren Sie auf den Einwand ein bedingtes Verständnis. Sie gewinnen dadurch Zeit und vermeiden die Konfrontation.

- Fordern Sie dazu auf, die Hintergründe und Erfahrungen zu schildern. Dies relativiert den Einwand meistens.

- Fassen Sie die Kernaussage mit wertschätzenden Worten zusammen. Dies trennt den diskutierbaren Inhalt von der störenden Bewertung.

- Lassen Sie den Einwandgeber oder die Gruppe das Für und Wider und die Folgen des Einwands reflektieren. Dadurch bleiben Sie in Ihrer Moderatorenrolle geschützt.

- Notbremse: „Ich höre Ihren Einwand. Was schlagen Sie vor?"

Beispiel: Konstruktive Reaktion auf einen Einwand

 Auf einen Einwand wie „So wie Sie das vorschlagen, ist das nicht realisierbar!" können Sie antworten: „Okay, dann lassen Sie uns darüber sprechen, welche Details aus Ihrer Sicht problematisch sind und welche Verbesserungsideen Sie haben."

Visualisierung

„Ein Bild sagt mehr als tausend Worte!" Wesentliche Fragen, Inhalte und Zwischenergebnisse einer Besprechung sollten Sie visualisieren. Die Aufmerksamkeit der Teilnehmer wird dadurch auf das augenblickliche Thema konzentriert, und die Diskussionen verlaufen ohne großen Aufwand deutlich zielgerichteter. Flipcharts sind das passende Werkzeug dafür.

Visualisieren ...

- ist eine Verständigungshilfe,
- konzentriert die Aufmerksamkeit auf Wesentliches,
- lassen sich Inhalte, Prozesse, Wertungen und Gefühle,
- ermöglicht Transparenz und Partizipation.

Checkliste: Effiziente Besprechung

- **Vorbereitung:** Inhalte, Abläufe und Organisatorisches sind festgelegt, die Teilnehmer sind ausgewählt.

- **Zielorientierung:** Das Ziel ist den Teilnehmern bekannt. Der Ablauf ist an den Zielen ausgerichtet.

- **Zeitmanagement:** Für die einzelnen Themen ist ein verbindlicher Zeitrahmen festgelegt.

- **Selbstdisziplin:** Alle Teilnehmenden konzentrieren sich auf das Wesentliche und übernehmen Verantwortung für ihr Verhalten in der Gruppe.

- **Visualisierung:** Ziele, Zwischenergebnisse, Prozesse sind durch Visualisierung für alle sichtbar gemacht.

- **Ergebnissicherung:** Die Ergebnisse sind in einem Protokoll dokumentiert. Arbeitspakete für die Umsetzung sind im Aktivitätenplan festgehalten.

Interessenkonflikte lösen

Unterschiedliche Ansichten und Konflikte sind ein unvermeidlicher Bestandteil unseres Alltags. Viele Verhandlungen sind aber eigentlich schon zu Ende, noch bevor sie begonnen haben. Der (un-)gesunde Menschenverstand verführt uns dazu, am Beginn eines Streits der anderen Partei als Erstes einmal unsere Position mitzuteilen. Konstruktive Konfliktlösungen klären und verhandeln statt dessen die tieferliegenden Bedürfnisse.

Interessen verhandeln statt Positionen

Beispiel: Ein Konflikt führt in eine Sackgasse

 Herr Luft und Herr Krankl arbeiten zu zweit in einem Büro. Sie streiten sich um die Lüftung des Raums.

Herr Luft sagt: „Das Fenster muss geöffnet werden." Herr Krankl erwidert: „Das Fenster bleibt zu!"

Eine konstruktive Verhandlung ist kaum mehr möglich, weil beide Seiten ihren Standpunkt schon festgelegt haben. Die Atmosphäre ist angespannt. Die Schwierigkeit liegt darin begründet, dass die Kontrahenten lediglich ihre *Positionen* erklärt haben.

Eine Position ist streng genommen eine vorweggenommene, nicht verhandelte Lösung, die noch dazu dem Verhandlungspartner als Forderung präsentiert wird. Die Behauptung der Positionen bringt eine Reihe von Nachteilen mit sich:

- Positionen kennen oft nur ein Entweder- oder.
- Der Kreis der möglichen Lösungen wird dadurch stark eingeschränkt.
- Die Parteien legen sich schon zu Anfang auf eine Aussage fest.
- Positionen haben meistens einen fordernden Charakter, auf den die andere Partei mit Abwehr reagiert.
- Die Parteien erfahren wenig über die Bedürfnisse und Motive der Gegenseite, was wiederum die Suche nach Lösungsoptionen erschwert.

- Positionsbehauptungen verhärten die Fronten atmosphärisch und in der Sache.

Von den Positionen sind strikt die persönlichen *Interessen*, die eigentlichen Anliegen oder anders gesagt, die ursprünglichen Bedürfnisse zu unterscheiden.

Beispiel: Das Motiv hinter der Position

> Das eigentliche Interesse von Herrn Luft lautet ausgesprochen: „Ich werde gerade müde, mit frischer Luft könnte ich besser weiterarbeiten." Das tiefer liegende Bedürfnis von Herrn Krankl lautet: „Ich spüre erste Anzeichen einer Erkältung und habe Angst, im kühlen Luftzug krank zu werden."

Die Offenbarung der persönlichen Interessen wirkt sich grundsätzlich positiv auf die Lösungssuche und die Atmosphäre aus. Man versteht die Bedürfnisse und Motive des anderen. Bedürfnisse („gesund bleiben") sind zunächst immer positiv und dadurch leicht wertzuschätzen. Dies wiederum trägt zur Entspannung der Verhandlungsatmosphäre bei. Hinzu kommt, dass Anliegen Ich-Botschaften sind, die den anderen nicht bedrohen und ihm die Freiheit lassen, zu verhandeln. Und letztlich gibt es für Interessen meist viele Lösungsmöglichkeiten. Auch dies erleichtert die Verhandlung.

Der Unterschied zwischen Positionen und Interessen

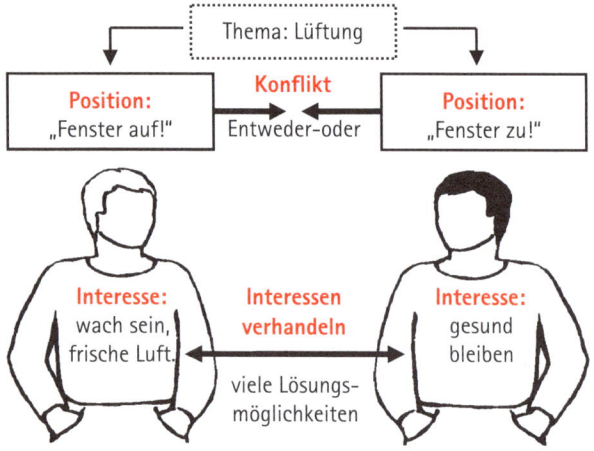

Beispiel: Interessen in Einklang bringen

 Herr Luft und Herrn Krankl können ihre Interessen durch eine Vielzahl von Lösungen in Einklang bringen: Stoßlüftung während der Kaffeepause, Plätze am Fenster tauschen, die Tür zum Nebenzimmer öffnen.

So fördern Sie die Einigung

Eine Meinungsverschiedenheit ist noch kein Konflikt. Man diskutiert, hört zu und einigt sich schließlich auf vernünftige Weise. Bleibt die Einigung aus, so wird die Beziehung gestört, und es wird künftig schwer sein, in der Sache aufeinander zuzugehen.

Scheuen Sie sich nicht, zunächst darüber zu sprechen, was zwischen Ihnen steht und die Kommunikation blockiert. Erst wenn Sie diese Blockade gelöst haben, ist eine faire Kommunikation über unterschiedliche sachliche Einschätzungen möglich.

Eine akzeptable Lösung muss die Interessen beider Verhandlungspartner berücksichtigen. Sammeln Sie möglichst viele Optionen, um die Wahrscheinlichkeit zu erhöhen, dass beide Seiten sich in der Lösung wiederfinden. Eine Entscheidung, die auf versteckten Vorlieben oder einer überlegenen Machtposition beruht, ist ein schlechter Kompromiss. Legen Sie Ihre Bewertung der Lösungen offen und vereinbaren Sie gemeinsame Beurteilungskriterien.

Teil 2: Teams führen

Vorwort

In den letzten Jahren haben sich die Unternehmen und Organisationen gewandelt. Was heute zählt, sind nicht mehr Hierarchien, sondern eigenverantwortliche Mitarbeiter, die in selbstständigen Teams Spitzenleistungen erbringen.

Teamfähigkeit und Teamarbeit stehen daher bei den Personalchefs wie bei den Bewerbern hoch im Kurs: Wer neue Mitarbeiter sucht, fragt natürlich zuerst nach der fachlichen Eignung der Kandidaten; dann aber steht schon die Teamfähigkeit ganz oben an. Wer sich auf Stellensuche begibt, erhofft sich natürlich eine interessante und gut bezahlte Aufgabe. Ebenso wichtig ist den meisten, Teil eines erfolgreichen Teams zu werden.

Dieser TaschenGuide soll vor allem Teamleitern und Führungskräften, aber auch Teammitgliedern zeigen, warum Teambildung und Teamentwicklung wichtig sind. Sie erfahren, wie Sie Teams richtig zusammenstellen und entwickeln, Ihre Mitarbeiter ins Boot holen und Konflikte produktiv lösen, was erfolgreiche Teamarbeit begünstigt und wo sie zu Spitzenleistungen führen kann.

Dr. Wolfgang Krüger

Spitzenleistungen durch Teamentwicklung

Starke Teams meistern Extremsituationen. Doch wie wird aus einem Team ein Spitzenteam?

In diesem Kapitel erfahren Sie,

- was eine bloße Gruppe von einem leistungsfähigen Team unterscheidet,
- wie ein Team zu Spitzenleistungen befähigt wird und
- wie man ein Team konsequent zum Spitzenteam entwickelt.

Eine Gruppe macht noch kein Team

Viele haben schon erlebt, dass die Arbeit in einer Gruppe recht mühselig und wenig fruchtbar sein kann. Der zähe Prozess und der mangelnde Erfolg führen nicht selten dazu, dass eine Gruppe schon auseinanderfällt, noch bevor die Chance genutzt wurde, ein leistungsstarkes Team zu entwickeln.

Beispiel:

In einem Unternehmen beschließt die Geschäftsführung, eine Projektgruppe mit der Aufgabe zu betrauen, Vorschläge zur Verbesserung der Kommunikation und der Abläufe zwischen den einzelnen Abteilungen zu erarbeiten. Die Abteilungen Einkauf, Produktion, Marketing und Vertrieb, Personal und Recht, Organisation und DV, Rechnungswesen und Controlling werden gebeten, jeweils eine Mitarbeiterin oder einen Mitarbeiter in die Projektgruppe zu entsenden. Nach drei unbefriedigend verlaufenen Sitzungen mit zähen Debatten zur Tagesordnung, Profilierungskämpfen und nichtigen Streitereien fragt sich der Projektleiter, was schief gelaufen ist.

Die Ursachen, warum Teams scheitern, sind häufig:

- Die Gruppenmitglieder vertreten die Interessen ihrer Abteilungen und nicht die der Projektgruppe.

- Trotz mehrfachen Bemühens ist es nicht geglückt, eine klare gemeinsame Zielsetzung für das Projekt zu finden. Einzelne verfolgen eigene Ziele.

- Einige Gruppenmitglieder empfinden die Teilnahme als Belastung. Sie argumentieren, ihre Hauptaufgaben seien wichtiger und auch andere Gruppen würden sie fordern.

- Verabredete Zeiten und Abmachungen werden nicht von allen eingehalten. Einzelne Teilnehmer lassen sich entschuldigen, kommen zu spät oder gehen früher und erfüllen ihre Aufgaben nur teilweise oder gar nicht.

- Unter einigen Gruppenmitgliedern wird offen oder verdeckt ein persönlicher Konkurrenzkampf geführt.
- Man checkt sich gegenseitig ab. Es wird wenig offen miteinander gesprochen.
- Die Mitglieder zeigen wenig Loyalität zur Gruppe.

Dies macht bereits deutlich, was zu tun ist, um aus einer zusammengewürfelten Gruppe ein effizientes und effektives Team zu machen. Es geht darum,

- die Interessen der Gruppe zu harmonisieren,
- klare und von jedem akzeptierte Teamziele zu definieren,
- der Arbeit in diesem Team Priorität gegenüber anderen Verpflichtungen zu verleihen,
- die Verbindlichkeit von Termin- und Aufgabenabsprachen zu erhöhen,
- die internen Konkurrenzkämpfe zu beenden,
- die interne Kommunikation zu verbessern,
- die Gruppenloyalität zu erhöhen.

Damit sind schon wesentliche Merkmale benannt, an denen man leistungsfähige Teams von kaum entwickelten und leistungsschwachen Gruppen unterscheiden kann.

Auf dem Weg von einer Gruppe zu einem Hochleistungsteam kommt es also vor allem darauf an,

- zielorientiert, mit verbindlichen organisatorischen Absprachen zusammenzuarbeiten,
- Vertrauen und Loyalität im Team aufzubauen.

Das allein reicht aber noch nicht, um wirklich zu Spitzenleistungen zu kommen.

Unterschiede zwischen Gruppe und Team

Merkmale	Gruppe	Hochleistungsteam
Wo liegen die Interessen?	Die meisten verfolgen eigene Interessen.	Alle ziehen an einem Strang.
Welche Ziele gibt es?	Es werden unterschiedliche Ziele verfolgt.	Alle verfolgen dasselbe Ziel.
Was hat Priorität?	Die Zugehörigkeit zur Gruppe ist nachrangig.	Die Zugehörigkeit zum Team hat erste Priorität.
Wie ist die Organisation?	Die Organisation ist locker und unverbindlich.	Die Organisation ist straff und verbindlich.
Wie ist die Motivation?	Die Motivation kommt von außen (man muss).	Die Motivation kommt von innen (man will).
Wer konkurriert mit wem?	Einzelne konkurrieren untereinander.	Die Konkurrenz ist nach außen gerichtet.
Wie wird kommuniziert?	Man kommuniziert teils offen, teils verdeckt.	Man gibt sich offen Information und Feedback.
Wer vertraut wem?	Wenig Vertrauen untereinander und in die Gruppe.	Starkes Vertrauen untereinander und in das Team.

Was führt zu Spitzenleistungen im Team?

Hollywood liebt einsame Helden, aber auch erfolgreiche Teams. Wer kennt sie nicht, die spannenden Filme über Menschen in extremen Ausnahmesituationen: die wenigen Überlebenden eines Flugzeugabsturzes in der Wüste, die eingeschlossenen Passagiere in dem halb gesunkenen Schiff, die Bergleute im verschütteten Stollen. Von Gruppen in solchen Extremsituationen kann man viel lernen – die meisten Merkmale eines erfolgreichen Teams lassen sich daraus ableiten.

Bei Filmen mit Happy End vollziehen zufällig zusammengewürfelte Menschen im Zeitraffertempo den Schritt von der Gruppe zum eingeschworenen Team:

- Es gibt nur ein gemeinsames Interesse und ein eindeutiges Ziel – zu überleben.
- Die Gruppe und ihre Ziele haben absolute Priorität.
- Interne Konkurrenzkämpfe unterbleiben.
- Die Kommunikation ist ziel- und zweckorientiert.
- Vertrauen in und Loyalität mit der Gruppe sind gleichbedeutend mit Loyalität sich selbst gegenüber.

Dies sind die wichtigsten Voraussetzungen, um als Team erfolgreich zu sein. Über das Wohl oder Wehe eines Teams entscheidet aber letztlich das Potenzial an Wissen und Können, das die Teammitglieder einbringen, um aus der problematischen Situation herauszukommen. Wenn folgende Voraussetzungen gegeben sind:

- Organisation (Ziele und verbindliche Ordnung),

- Qualifikation (Wissen und Können),

- Kooperation (Vertrauen und Loyalität),

dann ist das richtige Synergiepotenzial für ein erfolgreiches Team vorhanden. Die Leistungen der einzelnen Teammitglieder summieren sich nicht einfach nur, die Leistungsfähigkeit der Gruppe wird durch Synergieprozesse potenziert. So werden Spitzenleistungen möglich.

In drei Schritten zum Spitzenteam

Gruppen können zu Hochleistungsteams werden, wenn sie sich in jeder Entwicklungsphase in den Bereichen Organisation, Qualifikation und Kooperation weiterentwickeln. Die Entwicklung in diesen Bereichen lässt sich bewusst steuern – doch wie können Sie als Teamleiter dabei vorgehen?

So werden Gruppen zu Teams

Gruppen durchlaufen zumeist drei Phasen bis sie zu leistungsfähigen Teams geworden sind. Diese Phasen verlaufen nicht strikt geordnet nacheinander, sie können ineinander übergehen oder sich überlappen. Auch wenn die Teamentwicklung schon weit vorangeschritten ist, kann es Rückschläge geben. In jedem Fall muss Ihre Gruppe diese Entwicklungsschritte vollziehen. Die Schrittfolge kann freilich variieren und die Dauer der einzelnen Phasen von Team zu Team verschieden sein.

Die drei Teamentwicklungsphasen

In der 1. Phase „formieren" Sie Ihr Team. Das kann auf unterschiedliche Weise erfolgen. Ob Sie nun selbst ein Projektteam aus unterschiedlichen Bereichen zusammenstellen oder einen Teamleiter benennen und ihn mit der Zusammenstellung seines Teams beauftragen – es gibt viele Wege zum Erfolg. Teams können sich z. B. auch selbst formieren, indem sie einen Teamleiter aus ihrer Mitte wählen und sich je nach Anforderungen und Teamauftrag neu gruppieren oder umgruppieren.

> Von der Formierung eines Teams, seiner Größe und dem, was die Gruppenmitglieder an Fähigkeiten und Verhaltensweisen mitbringen, hängt es ganz entscheidend ab, ob eine Entwicklung zum Team gelingt oder scheitert.

Teams brauchen zu ihrer Entwicklung eine Orientierung. Deshalb müssen Sie in der zweiten Phase konkrete Ziele und Meilensteine auf dem Weg zu den Zielen setzen. In dieser Orientierungsphase werden die Kompetenzen des Teams geklärt und die Teamarbeit organisiert.

Damit die Teamarbeit und die Teamentwicklung richtig losgehen, werden in der dritten Phase, der Aktivierungsphase, die Teampotenziale durch Trainingsmaßnahmen aktiviert.

Der „Reifegrad" eines Teams und damit auch der Stand seiner Leistungsfähigkeit lassen sich danach bestimmen, in welcher Entwicklungsphase es sich gerade befindet.

Das Drei-Phasen-Modell hilft Ihnen

- zu Beginn der Teamentwicklung den „Reifegrad" und damit den Leistungsstand einer Gruppe zu bestimmen,

- die Maßnahmen der Teamentwicklung planvoll und systematisch in den drei Aufgabenfeldern Organisation, Qualifikation und Kooperation zu betreiben.

Phasen, Aufgaben und Maßnahmen der Teamentwicklung

Aufgaben	Phase 1 Formierung	Phase 2 Orientierung	Phase 3 Aktivierung und Stabilisierung
Organisation	Auswahl des Teamleiters; Festlegung der Teamgröße	Aufbau- und Ablauforganisation; Zielvereinbarung	Leistungen erkennen und anerkennen
Qualifikation	Teambildung nach fachlichen und persönlichen Anforderungen und Fähigkeiten		Lernbedarf planen; Lernstilanalyse; Lernpotenziale aktivieren
Kooperation	Teambildung nach Teamfähigkeiten		Teamtraining und Teamcoaching

Das Team zusammenstellen

Teambildung und Teamentwicklung gehen zumeist Hand in Hand. Mit der Zusammenstellung eines Teams mit unterschiedlichen Persönlichkeiten, Fähigkeiten und Aufgaben stellen Sie die Weichen für die weitere Entwicklung Ihres Teams.

In diesem Kapitel erfahren Sie,

- wie ein Team gebildet wird,
- welche Aufgaben ein Teamleiter hat und welche Kompetenzen er braucht,
- welche Teamgröße und Zusammensetzung ideal ist.

Wie ein Team gebildet wird

Handlungs-felder	Maßnahmen in der Formierungsphase
Organisation	Teamleiter auswählen; Gruppengröße bestimmen
Qualifikation	Team nach fachlichen und persönlichen Fähigkeiten zusammenstellen
Kooperation	Team nach Kooperationsfähigkeit zusammenstellen

Selten gibt es eine Stunde Null, in der man nach Herzenslust unter einer Vielzahl von Teamkandidaten auswählen und Aufgaben verteilen kann. Wenn Sie sich dafür entscheiden, ein Team zu entwickeln, müssen Sie von den Gegebenheiten ausgehen: Bestehende Gruppenbildungen, fest verteilte Rollen und Aufgaben. Eine begrenzte Anzahl möglicher personeller Alternativen sollten Sie bei der Teambildung mitbedenken.

Ob bestimmte Gruppenkonstellationen schon bestehen oder ob Teams neu zusammengestellt werden, in jedem Fall steht am Beginn der Teamentwicklung die Überlegung: Haben wir den richtigen Mix, bzw. wie schaffen wir uns den richtigen Mix? Es muss geklärt werden,

- wer sich als Teamleiter eignet,
- wie groß das Team sein soll,
- wie das Team zusammengesetzt sein soll.

Wie man den richtigen Teamleiter auswählt

Teams haben Auftraggeber, z.B. Bereichs-, Abteilungs- oder Gruppenleiter, die in der Regel gegenüber dem Team die Führungsverantwortung tragen – auch die disziplinarische. Mehr und mehr setzt sich durch, dass Führungskräfte Coachingaufgaben wahrnehmen, also Teams bilden und weiterentwickeln.

Wenn diese Führungsaufgaben außerhalb des Teams angesiedelt sind, wozu bedarf es dann noch eines Teamleiters und was sind seine Aufgaben? Die Praxis zeigt, dass auch hoch entwickelte Teams, die sehr kooperativ zusammenarbeiten, nicht auf einen Teamleiter verzichten können. Denn wenn sich jeder im Team für alles zuständig fühlt und die Arbeit nicht nach Aufgaben und Fähigkeiten verteilt ist, wird ein Team unproduktiv.

Sowohl für entwickelte Teams als auch für Teams, die erst am Anfang ihres Entwicklungsprozesses stehen, ist es also unverzichtbar, einen geeigneten Teamleiter als „Gleichen unter Gleichen" zu finden.

Was muss ein Teamleiter leisten?

Zentrale Aufgaben, denen sich ein Teamleiter stellen muss, sind:

- das Team koordinieren,
- das Team moderieren,

- die Teammitglieder beraten,
- Konflikte managen,
- Ergebnisse präsentieren,
- das Team nach außen repräsentieren,
- für das Team verhandeln.

Das Team koordinieren

Wichtigste Aufgabe eines Teamleiters ist, dafür zu sorgen, dass die Arbeit im Team und die Zusammenarbeit mit anderen Personen, Teams und Organisationen möglichst effektiv verläuft. Innerhalb des Teams heißt das

- die Teamziele zu klären und zu vereinbaren,
- die interne Arbeitsteilung und die Abläufe transparent zu machen und ständig zu verbessern,
- das Zeitbudget einzuhalten und für Termintreue zu sorgen,
- die Abstimmung mit anderen Organisationseinheiten vorzunehmen.

Damit die eigentliche Teamarbeit reibungslos verläuft, muss die Koordinationsaufgabe von einem Teammitglied wahrgenommen werden, das verbindlich in der Form, aber eindeutig in der Sache ist, das Organisationsgeschick besitzt und führen kann, ohne das Team zu dominieren.

Das Team moderieren

Teamarbeit funktioniert nicht nach einem hierarchischen Führungsmodell. Entscheidungen müssen im Konsens erfolgen, sonst droht das Team schnell auseinanderzufallen. Dabei ist die Rolle des Moderators unverzichtbar. Als „Gesprächshelfer" sorgt ein Moderator dafür, dass

- jeder „ins Spiel" kommt und seine Meinung sagen kann,
- die Argumente klar herausgearbeitet und abgewogen werden,
- Unterschiede und Gemeinsamkeiten in den Auffassungen klar erkennbar werden,
- Probleme der Kommunikation im Team erkannt und behoben werden,
- in verfahrenen Situationen das Thema vertagt oder an eine Teilgruppe delegiert wird,
- Zwischenergebnisse gesichert werden,
- das Endergebnis dokumentiert und zur weiteren Bearbeitung aufbereitet wird.

Diese Aufgabe fordert ganz bestimmte Fähigkeiten. Prüfen Sie deshalb, ob der gewählte Teamleiter

- sich selbst aus der Sachdiskussion vorübergehend herausnehmen und sich auf das Prozessgeschehen konzentrieren kann,
- zur „Meta-Kommunikation" fähig ist, d.h. ob er Beziehungs- und Verständigungsprobleme im Team ansprechen und vermitteln kann,
- mit Hilfe von Visualisierungstechniken (Flipchart, Kartenabfrage an der Pinnwand usw.) den Moderationsprozess unterstützen kann.

Teammitglieder beraten

Ein Teamleiter muss immer dann als Ansprechpartner zur Verfügung stehen, wenn ein Teammitglied den Wunsch hat, ein Thema nicht im Gesamtteam zu erörtern. Ein Teammitglied will z. B. darüber sprechen, wie ein fachliches Problem zu lösen ist, wie eine bestimmte Aufgabe am besten anzugehen ist oder auch nur wie es sich im Team sieht und gesehen wird. Die Beratung ist also auf unterschiedlichen Ebenen erforderlich:

Geht es um Fachfragen, kann der Teamleiter sein Know-how einbringen oder aber Wege aufzeigen, wo man sich das Wissen beschaffen kann. Der Teamleiter muss also auch selbst über ausreichend Fachwissen verfügen, um von den Teammitgliedern akzeptiert zu werden. Wichtiger aber noch ist ein Querschnittwissen, das es ihm möglich macht, Zusammenhänge aufzuzeigen und das erforderliche Know-how zu beschaffen, um die Probleme zu lösen.

Geht es um Verfahrensfragen, also darum wie ein Problem bearbeitet werden soll, ist der Teamleiter gefordert, mit dem Partner Möglichkeiten zu erörtern und Alternativen abzuwägen. Der Teamleiter sollte dazu ausreichende Kenntnisse über Arbeits- und Projektmethodik haben und über fachliches Methodenwissen verfügen, z. B. über die Anwendung bestimmter statistischer Verfahren.

Geht es um Beziehungsprobleme im Team, muss der Teamleiter vor allem zuhören und nachfragen, um die Sichtweise des Teammitglieds zu erkunden. Er sollte rasch erkennen, ob das Problem unter „vier Augen" gelöst werden kann oder ob das ganze Team einbezogen werden muss. Hier sind Finger spitzengefühl und Einfühlungsvermögen erforderlich. Andererseits muss ein Teamleiter, nachdem das Problem hinreichend geklärt ist, durchaus direktiv auf eine Problemlösung drängen – entweder durch eine Entscheidung des Teammitglieds oder des ganzen Teams.

Hinweis: Im TaschenGuide „Moderation" finden Sie weitere Anregungen zu diesem Thema.

Konflikte im Team managen

Teamarbeit und Teamentwicklung gehen nie ohne Konflikte und Reibungsverluste ab. In den einzelnen Phasen der Teamentwicklung gibt es typische Konflikte, die wie Meilensteine den Entwicklungsprozess markieren. Die typischen Konflikte treten meist sowohl auf der Sachebene wie auf der Beziehungsebene auf:

- auf der Sachebene,
  - weil man sich über die gemeinsamen Ziele nicht klar wird,
  - weil man Ziele verfolgt, die sich widersprechen bzw. miteinander konkurrieren,
  - weil man sich über Termine, die Vorgehensweise und die Methoden nicht einigen kann,
- auf der Beziehungsebene,
  - weil die Rollenverteilung untereinander noch nicht klar ist,
  - weil die Beziehung zwischen Teamleiter und Team noch nicht eingespielt ist,

– weil zwischen den Teampartnern „chemische Prozesse"
ablaufen, noch ohne Ergebnis.

In der Praxis werden Sie freilich feststellen, dass sich die
dynamischen Prozesse in einem Team meist nicht so leicht in
Sach- oder Beziehungskonflikte trennen lassen. Hinter einer
vermeintlich sachbezogenen Auseinandersetzung verbergen
sich meist Positions- und „Revierkämpfe". Der scheinbar of-
fensichtliche Wettbewerb zweier Teammitglieder, wer den
größeren Sachverstand zu einem Thema besitzt, kann im
Kern eine Beziehungsstörung zugrunde liegen. Achten Sie
deshalb auf die kleinen Signale und versuchen Sie den
eigentlichen Grund des Konflikts zu erspüren. Werden die
Konflikte produktiv gemeistert, ist die Gruppe einen Schritt
weiter auf ihrem Weg zum erfolgreichen Team.

> Konflikte und deren Klärung sind die Hefe zur Entwicklung eines Teams.
> Werden Konflikte nicht erkannt oder gar unter den Teppich gekehrt, gären
> sie unterschwellig weiter und ein Scheitern ist vorprogrammiert.

Wann typische Konflikte auftreten

Wollen Sie als Teamleiter erfolgreich sein, müssen Sie aktiv
mit Konflikten umgehen können (siehe Abschnitt „Konfliktpotenziale produktiv nutzen"). Dazu müssen Sie wissen, in
welchen Phasen der Teamentwicklung welche Konflikte entstehen können und wie man mit ihnen umgeht.

In der Formierungsphase ist noch alles offen. In dieser Phase
wird denn auch häufig mit subtilen Waffen um die eigene
Stellung im Team, um Macht und Einfluss gekämpft. Ein allzu
vorsichtiges wechselseitiges Abtasten unter den Teammitglie-

dern kann schnell in eine Teameiszeit münden oder in offene Feindseligkeit umschlagen, wenn Sie nicht eingreifen. Ein im Ton verbindlicher, in der Sache eindeutiger Hinweis darauf, dass Streithähne das Team verlassen müssen, schafft erst einmal eine Atempause, in der die eigene Position und das eigene Verhalten im Team noch einmal überdacht werden können.

In der Orientierungsphase wird es immer dann kritisch, wenn einigen ungeduldigen Teammitgliedern die Definition der Ziele und die Vereinbarung über das weitere Vorgehen zu lang erscheinen, und sie zu Taten drängen. Geben Sie hier nach und brechen Zielfindung und Ablaufplanung ab, rächt sich das später bitter. Hier müssen Sie hartnäckig und energisch bleiben.

Im Verlauf der Aktivierungsphase treten in Teams leicht Ermüdungs- und Sättigungserscheinungen auf: Sich mit sich selbst und der Entwicklung des Teams zu beschäftigen, nagt an der Motivation. Hier muss der Teamleiter ermutigen und ermuntern nach dem Motto „Abschlaffen gilt nicht".

Teamergebnisse richtig präsentieren

Eine noch so gute Teamarbeit mit noch so guten Ergebnissen kann scheitern, wenn sie nicht richtig verkauft wird. Teamergebnisse – zumal aus der Projektarbeit – müssen immer wieder präsentiert werden, z. B. vor der Geschäftsführung, um Rechenschaft über die geleistete Arbeit abzulegen, vor dem Betriebs- bzw. Personalrat bei einem mitbestimmungspflichtigen Projekt oder vor anderen Teams, um die Abstimmung untereinander zu verbessern.

Dabei kommt es auf die folgenden Fähigkeiten an:

- einen Vortrag überzeugend zu gestalten,

- abstrakte oder komplexe Zusammenhänge mit geeigneten Mitteln (z. B. Beamer, Flipchart) zu visualisieren

- diplomatisch zu verhandeln; denn nicht selten sind mit der Präsentation von Teamergebnissen kritische Einwände und Fragen verbunden.

Das Team repräsentieren

Teamleiter wirken nicht nur nach innen, sondern auch nach außen, indem sie ihr Team und seine Arbeit repräsentieren.

Teams stehen innerhalb einer Organisation nicht allzu selten im Wettbewerb untereinander. Hier muss ein Teamleiter durchaus auch hartnäckig die Interessen und Forderungen seines Teams vertreten können, ohne dabei allerdings das Große und Ganze aus den Augen zu verlieren. Als Teamleiter sollten Sie deshalb in der Lage sein:

- die eigene Teamarbeit zu erläutern und zu präsentieren,

- sachlich und selbstbewusst die Interessen Ihres Teams zu vertreten,

- die eigene Teamarbeit in übergeordneten Zusammenhängen zu verstehen und entsprechend zu handeln.

Für das Team verhandeln

Teams handeln letztlich immer im Auftrag und nicht isoliert in einem Vakuum. Es muss also auch immer wieder mit den

Auftraggebern verhandelt werden. Nicht nur Ressourcen wie Zeit und Geld müssen für das Team angemessen ausgehandelt werden, oft geht es auch um seine Ziele und Aufgaben. Bei Projekten kommt noch dazu, dass die Hilfe Dritter eingefordert werden muss, angefangen mit der erforderlichen DV-Unterstützung bis hin zur Beratung in Rechtsangelegenheiten.

Gefragt sind also verhandlungstechnisch erfahrene „knallharte Softies", die

- mit Einwänden und Kritik souverän umgehen und ergebnisorientiert verhandeln können,
- diplomatisches Geschick besitzen, also freundlich im Verhalten, aber hart in der Sache bleiben,
- kompromissfähig sind, ohne Terrain zu verschenken,
- Konflikte mit dem Auftraggeber und anderen Bereichen produktiv bewältigen können.

Checkliste: Anforderungen an den Teamleiter

Aufgaben	Anforderungen	Fähigkeiten
Koordi-nieren	Ziele vereinbaren; Ablauf organisieren; Zeitbudget überwachen; Außenkontakte abstimmen	Verzicht auf Dominanz; verbindlich, aber hartnäckig
Moderieren	Alle ins Spiel bringen; Argumente herausarbeiten; Moderationstechnik beherrschen; Störungen erkennen; Konsens herstellen	Visualisieren; Beziehungsstörungen erkennen und beheben
Beraten	Fach- und Methodenfragen klären; Beziehungsprobleme klären	In Alternativen denken; nicht-direktive Gesprächsführung
Konflikte managen	Rollenkonflikte im Team erkennen und klären	Die Kommunikation im Team gezielt analysieren
Präsen-tieren	Die Ergebnisse der Teamarbeit darstellen und „verkaufen"	Visualisieren, z. B. mit Flipchart, Overhead-Technik, Pinnwänden
Repräsen-tieren	Die eigene Teamarbeit in den Gesamtzusammenhang stellen und Teaminteressen vertreten	Selbstbewusster Auftritt; Balance halten zwischen Team- und Gemeinschaftsinteressen
Verhandeln	Über Aufgaben, Zeit, Geld und personelle Unterstützung verhandeln	Verhandlungsstrategie und -taktik

Welches Profil braucht ein Teamleiter?

Es ist noch kein Meister und kein Teamleiter vom Himmel gefallen: Auch Teamleiter müssen in ihre Aufgaben hineinwachsen. Vieles lässt sich lernen – doch wer bestimmte Fähigkeiten schon mitbringt, wird sich leichter dabei tun. Je mehr der im Folgenden aufgelisteten Kompetenzen Sie sich zuschreiben können, desto besser:

- Soziale Kompetenz, um die Bedürfnisse, Interessen und Spannungen im Team zu erkennen.
- Kontaktfähigkeit, um Zugang zu allen Teammitgliedern zu finden und das Team nach außen zu vertreten.
- Kooperationsfähigkeit, um nach innen und außen eine effiziente Zusammenarbeit zu gewährleisten.
- Integrationsfähigkeit, um das Team zu bilden und zusammenzuhalten.
- Kommunikationsfähigkeit, um Informationen richtig aufzunehmen und präzise weiterzugeben.
- Selbstkontrolle, um das Klima positiv zu gestalten.
- Kommunikationstechniken beherrschen, um überzeugend zu moderieren, zu präsentieren und zu verhandeln.

Prüfen Sie Ihre Kompetenz

Jeder kann an seinem Profil arbeiten und seine Kompetenzen erweitern. Dazu freilich sollte man ein möglichst objektives Bild der eigenen Kompetenzen und Schwächen besitzen. Auf

den folgenden Seiten können Sie Ihr persönliches Kompetenz-
profil als Teamleiter ermitteln. Benutzen Sie dieses Instrument
im Sinne von „Stärken stärken und Schwächen schwächen".
Zeichnen Sie zunächst Ihr Profil für sich. Bitten Sie dann
jemanden, der Sie wirklich gut kennt, Ihr Profil zu entwerfen
und vergleichen Sie danach die beiden Profile. Bei Differenzen
zwischen Selbstbild und Fremdbild bitten Sie Ihren Partner
um ein Gespräch. Je stärker die Profilausprägung nach rechts
tendiert, desto mehr eignen Sie sich als Teamleiter.

Checkliste: Kompetenz als Teamleiter

Kompetenzbereiche	Profilausprägung schwach ⇒ stark
Soziale Kompetenz	
Erkennen von Problemen und Gefühlen anderer	
Berücksichtigung von Bedürfnissen anderer	
Eigene Wirkung auf andere realistisch einschätzen	
Kontaktfähigkeit	
Von sich aus auf andere zugehen	
Ziele, Absichten, Methoden offen legen	
Anbieten von Beratung	
Anderen Vertrauen entgegenbringen	

Kompetenzbereiche	Profilausprägung schwach ⇒ stark				
Kooperationsfähigkeit					
Aufgreifen von Meinungen und Ideen					
Bei Schwierigkeiten helfen					
Erfolgserlebnisse mit anderen teilen					
Integrationsfähigkeit					
Definition von Spielregeln					
Ausrichten unterschiedlicher Interessen auf ein Ziel					
Erkennen von Konflikten, Lösungen anstreben					
Eingehen auf andere, ohne eigene Ideen aufzugeben					
Kommunikationsfähigkeit					
Informationen an andere weitergeben					
Keine wichtigen Informationen zurückhalten					
Zuhören, andere nicht unterbrechen					
Sich Zeit nehmen für das Gespräch					
Selbstkontrolle					
Nicht aggressiv reagieren					
Nicht laut werden					
Keine Spannung/Aggression erzeugen					

Kompetenzbereiche	Profilausprägung schwach ⇒ stark
Ausgeglichene, vorhersehbare Stimmungslage	
Kommunikationstechniken	
Fähigkeit zu visualisieren	
Fähigkeit zu moderieren	
Repräsentieren und überzeugen	
Verhandlungstechniken beherrschen	

Gibt es die ideale Teamgröße?

Ein Team sollte groß genug sein, um eine produktive Vielfalt von Erfahrungen, Wissen und Fertigkeiten zu repräsentieren; es sollte aber auch klein genug sein, um rein praktisch den Austausch von Informationen und Argumenten zwischen allen Beteiligten reibungslos zu ermöglichen. Produktive Teamarbeit lebt u. a. von

- einer klaren, überschaubaren Rollen- und Aufgabenverteilung,

- dem schnellen Informationsaustausch untereinander,

- einem fruchtbaren Für und Wider der Argumente,

- einer zeitlich begrenzten Bearbeitung von Beziehungsproblemen und Konflikten.

Doch wie groß sollte ein Team sein? Ist fünf die richtige Zahl und sind zwölf zu viel für ein Team? Was sagt die Wissenschaft dazu? Aus der Verhaltensbiologie von Konrad Lorenz ist uns der Begriff der Elfer-Sozietät bekannt. In dieser überschaubaren „Urhorde", so vermutet Lorenz, konnte jeder jeden noch hören, sehen, ja auch „riechen". Das war wichtig, weil man so den Zusammenhalt gegenüber anderen, feindlichen Horden sichern konnte. Und wie sieht es heute aus?

Beispiel:

Die Fußballelf ist das Paradebeispiel für eine „Urhorde". Vom Torwart über die Verteidiger, die Mittelfeldpositionen bis hin zu den Stürmern sind die Rollen genau verteilt. Hinzu kommt noch der Kapitän der Mannschaft, der darauf achtet, dass jeder seine Rolle wahrnimmt und seinen taktischen Auftrag erfüllt. Fehlt ein Spieler aufgrund einer Verletzung oder einer roten Karte, wird diese offene Flanke vom Gegner meist sehr schnell zum Angriff genutzt.

Eine besondere Rolle spielt die Gruppengröße auch beim Seilziehen zweier Mannschaften gegeneinander. Bis zu einer Gruppengröße von sieben steigt die Kraft einer Mannschaft proportional an, während durch jedes weitere Mannschaftsmitglied die Gruppenstärke nur noch unterproportional anwächst. Ist die Gruppe größer als zwölf, sinkt die Teamleistung sogar. Dann zieht man nicht mehr gleichzeitig an einem Strang und die Reibungsverluste nehmen zu.

Tatsächlich markiert die Zahl $\pm$ 7 den Bereich des Grenznutzens für die Produktivität eines Teams. Gruppen mit weniger als fünf Mitgliedern haben ein deutlich geringeres Potenzial, durch Synergien Spitzenleistungen zu erbringen. Teams mit mehr als elf Mitgliedern werden entweder zu Vortragsveranstaltungen oder zerfallen in Untergruppen. Der Informationsaustausch und die Dynamik des gesamten Geschehens werden unüberschaubar. Entsprechend rapide nimmt die Produktivität ab.

Was tun, wenn die Teamgröße nicht stimmt?

Wenn Sie feststellen, dass Ihr Team zu groß ist, versuchen Sie es zu teilen. Achten Sie jedoch dann darauf, dass sich die beiden Teams immer wieder zu einem Informations- und Erfahrungsaustausch zusammensetzen. Sonst besteht die Gefahr, dass gewachsene Bindungen und Synergiepotenziale verloren gehen.

Sollte Ihr Team dagegen zu klein sein, um die Leistung zu steigern, gilt ausnahmsweise der Satz: kleckern statt klotzen. Schon ein neues Teammitglied verändert die gesamte Gruppendynamik und wirkt manchmal Wunder – im Positiven wie allerdings auch im Negativen. Geben Sie dem Team Zeit, das neue Mitglied zu integrieren. Beobachten Sie den Gruppenprozess und messen Sie den Output. Entscheiden Sie erst danach, ob das Team weiter vergrößert werden soll oder nicht. Für die praktische Teamarbeit helfen folgende Kontrollfragen, um festzustellen, ob die richtige Teamgröße gegeben ist, bzw. welcher Handlungsbedarf sich stellt. Sie sollten möglichst alle Fragen mit „Ja" beantworten können:

Checkliste: Teamgröße

	Ja	Nein
Kann sich das Team regelmäßig und ohne zu großen Koordinierungsaufwand versammeln?		
Ist allen die Rollen- und Aufgabenverteilung im Team bekannt?		
Haben alle Teammitglieder die Chance, zu Wort zu kommen?		
Beteiligen sich alle Teammitglieder aktiv, so dass Vielredner keine Chance haben und die anderen auch nicht in Konsumentenhaltung verharren?		
Gibt es „echte" Teambesprechungen und nicht bloß Zweier- und Dreiergespräche?		
Gehen vom Team neue Impulse aus?		
Hat das Team Dynamik und sitzt seine Stunden nicht nur ab?		

Auf den richtigen Teammix kommt es an

Wichtige Voraussetzung für die Entwicklung eines Teams zur Spitzenleistung ist der richtige Mix. Drei Faktoren sind bei der Auswahl der Teammitglieder zu beachten:

- die fachliche Qualifikation,
- die Persönlichkeitsprofile und
- die Teamfähigkeit.

All diese Faktoren sind wichtig. Achten Sie also darauf, dass kein Bereich in Ihrem Team zu kurz kommt.

Prüfen Sie die fachliche Qualifikation

Die Unterschiede zwischen den Anforderungen an die Mitglieder von Teams sind immens. Denken Sie z.B. an ein Sportteam – dort sind körperliche und spielerisch-taktische Fähigkeiten gefragt, an ein Forschungsteam mit methodischen und fachwissenschaftlichen Anforderungen oder an ein Bauteam im Ausland, das nicht nur bautechnische und handwerkliche Fähigkeiten braucht, sondern ebenso interkulturelles Verständnis und Fremdsprachenkenntnisse.

Die fachlichen Anforderungen sind also abhängig von der konkreten Aufgabe des jeweiligen Teams. Vor der eigentlichen Teambildung sollten deshalb die fachlichen Anforderungen, die mit der Aufgabe verbunden sind, zusammengestellt werden. Sie schaffen sich damit die Basis, die Fähigkeiten der einzelnen Teammitglieder mit den geforderten Fachkenntnissen abzugleichen und können so den Bedarf an fachlicher Teamentwicklung ermitteln.

Als Instrument zum Vergleich von fachlichen Anforderungen und Ist-Profilen können Sie die folgende Checkliste nutzen.

Checkliste: Fachliche Anforderungen

Wissen & Fertigkeiten	Anforderungen			Ist-Profil		
	Niedrig	Mittel	Hoch	Niedrig	Mittel	Hoch
Allgemeines Fachwissen						
Fachliches Spezialwissen						
Wissen aus anderen Fachgebieten						
Fertigkeiten, z.B.						
– DV-Anwendungen						
– statistische Verfahren						
– technische Verfahren						
Sprachkenntnisse						
Sonstige Kenntnisse und Fertigkeiten						

Bei der Zusammensetzung eines Teams sollten Sie darauf achten, dass sich möglichst alle Teammitglieder auf einem vergleichbaren fachlichen Leistungsniveau bewegen. Das ist gerade zu Beginn der Teamentwicklung jedoch häufig nicht der Fall. Hoffnungsträger sind dann vor allem die Teammitglieder, die zwar die Leistungsvoraussetzungen noch nicht ganz erfüllen, sich aber durch ihre Motivation und Lernbereitschaft auszeichnen. Denn Teamentwicklung ist vor allem auch ein Lernprozess.

Checken Sie die Persönlichkeitsprofile

Vor der Anwendung von „Schablonen" und „Schubladen" beim Umgang mit Menschen wird häufig gewarnt. Gleichwohl brauchen wir im Alltag solche Schablonen, um uns überhaupt zurechtzufinden. Jeder von uns hat seine eigene Wirklichkeit, in der Personen und Zusammenhänge interpretiert werden. Es kommt also darauf an, solche „Schubladen" so zu nutzen, dass wir Tendenzen erkennen, mit denen wir arbeiten können, ohne unsere Mitmenschen ein für allemal in eine „Schublade" zu stecken, aus der es kein Entrinnen mehr gibt.

Bei der Teambildung ist es wichtig, dass wir unsere Wahrnehmungen und Interpretationen bis zu einem gewissen Grad untereinander abgleichen und uns um ein gemeinsames Verständnis von Personen und deren Handlungsweise bemühen. Die folgende Typologie von Persönlichkeitsmerkmalen und Verhaltensmustern soll Sie dabei unterstützen. Sie können unterscheiden, zwischen

- stark außenorientierten und personenbezogenen „Botschaftern", die es verstehen, schnell Kontakt aufzunehmen und Dinge zu verkaufen;

- stark außenorientierten und sachbezogenen „Machern", die vorausschauend denken und planen und Risiko und Wettbewerb nicht scheuen;

- eher binnenorientierten und personenbezogenen „Moderatoren", die reflektiert und einfühlsam Entwicklungen voranbringen können;

- eher binnenorientierten und sachbezogenen „Experten", die auch projektbezogen und kenntnisreich im Detail innovativ nach Lösungen und Ergebnissen suchen.

Wie können Sie die Typologie nutzen?

Auf den ersten Blick mag es so aussehen, als würden „Moderatoren" und „Experten" die Idealbesetzung für ein Team darstellen. Doch Vorsicht: Gebraucht werden auch Teammitglieder, die die Gruppe anspornen und strategisch planvoll beeinflussen können, und Teammitglieder, die das Team und dessen Ergebnisse „verkaufen" können. Mit anderen Worten, alle Persönlichkeiten sind gefragt.

> In einer Typologie wird systematisch voneinander abgegrenzt, was in Wirklichkeit sanft ineinander übergeht.

Jeder Typ wird auch Merkmale der anderen drei Typen haben. Je nach Situation können die Rollen auch getauscht werden: der „Macher" moderiert eine Gruppe, der „Experte" repräsentiert ein Team, der „Botschafter" engagiert sich bei der Lösung eines Problems usw. Im Großen und Ganzen bleiben wir uns aber treu und gewisse Merkmale unserer Persönlichkeit und unseres Verhaltens sind für jeden von uns charakteristisch.

Botschafter   **Macher**

Außenorientiert

Nimmt schnell Kontakt auf; kann positive Bindung herstellen; hat Selbstvertrauen; ist wettbewerbsorientiert; kann Situationen gut einschätzen; gewinnt Vertrauen; kann auf Bedürfnisse anderer eingehen; kann zuhören; kann überzeugen; Mobilität, Flexibilität; Enthusiasmus; Einfühlungsvermögen; positive Ausstrahlung; Präsentationsfähigkeit	Setzt Ziele; Macher / Auslöser von Veränderungen; kann komplexe Situationen schnell und treffsicher einschätzen; zeigt Selbstvertrauen; vorausschauendes und strategisches Denken und Planen; durchsetzungsfähig; leistungsorientiert; risikobereit; entscheidungsfreudig; belastbar; ausdauernd; kontaktfähig; wettbewerbsorientiert

Personen-   **Sach-**

bezogen   **bezogen**

Kann positive Bindung herstellen; reflexionsfähig; Einfühlungsvermögen; Anpassungsfähigkeit an Teams; ist bereit, eigene Interessen zugunsten gemeinsamer Ziele zurückzustellen; kann motivieren; Moderationsfähigkeit; Fähigkeit, Vertrauen zu gewinnen; interessenausgleichend; zeigt Wertschätzung und Anerkennung; entwicklungsorientiert	Fachkompetent; lösungs- und ergebnisorientiert; logisch-analytisches Denken; ausdauernd; hat innovative Ideen; arbeitet Ziele aus und findet Wege; projektorientierte Kooperationsfähigkeit; Überzeugungskraft; befasst sich mit Details; sucht nach neuen Perspektiven; hinterfragt kritisch; Präsentationsfähigkeit; leistungsorientiert

Binnenorientiert

Moderator   **Experte**

Persönlichkeits- und Verhaltens-Check

Als Teamcoach oder Teamleiter können Sie auf der Basis dieser Typologie zum einen Teammitglieder gezielt aussuchen. Zum anderen haben Sie die Möglichkeit, schon bestehende Gruppen unter dem Aspekt der Persönlichkeitsprofile zu analysieren.

Stärken und Schwächen verschiedener Persönlichkeitsprofile

Persönlichkeitsprofil	Stärken im Team	Schwächen im Team
Botschafter	Stellt schnell Kontakt im Team her und für das Team nach außen; reißt mit und ist flexibel	Begeisterung flaut leicht ab; scheut Detailarbeit; Neigung zum Solospieler
Macher	Nimmt Ziele ernst; erkennt Zusammenhänge; arbeitet strategisch, planvoll; spornt an	Wendet sich ab oder wird aggressiv, wenn andere seine Ideen nicht teilen; Neigung zum Autokraten
Moderator	Integriert, steuert den Prozess ohne unbedingten Anspruch auf die Führungsrolle	Leistungsanspruch eher schwach; kann das Ziel aus den Augen verlieren; Neigung zum Guru
Experte	Geht den Dingen auf den Grund; geht projektorientiert und planvoll vor	„Bohrt tief", wo es darum geht, „Land zu gewinnen"; Neigung zum „Bastler"

Im Rahmen der Teamentwicklung können Sie die folgende Checkliste in der Orientierungs- bzw. in der Aktivierungs- und Stabilisierungsphase gezielt einsetzen. Jedes Teammitglied schätzt sich selbst und die anderen Teammitglieder danach ein, welcher Typus jeweils dominiert. Anschließend erläutert und begründet jeder jedem, wie er zu seiner Einschätzung gekommen ist. Dies kann insbesondere dann hilfreich sein, wenn in der Gruppe Rollenkonflikte und Störungen in der Kommunikation entstanden sind.

Checkliste: Persönlichkeitsprofile und Verhaltensmuster

Welches Profil hat der Teamleiter oder soll er haben?	
Welche Persönlichkeitsprofile braucht das Team?	
Sind bei der bisherigen Zusammenstellung des Teams Profile unter- bzw. überrepräsentiert?	
Welche Rollenkonflikte können zwischen den einzelnen Persönlichkeiten entstehen?	
Welche Arbeitsteilung bietet sich aufgrund vorhandener Profile an?	
Gibt es dominante Persönlichkeiten, die das Team sprengen bzw. lähmen können?	

Testen Sie die Teamfähigkeit

Teamfähigkeit ist sowohl Voraussetzung als auch Ergebnis einer Teamentwicklung. Das klingt paradox. Doch ohne eine Basisfähigkeit, mit anderen Gruppenmitgliedern ergebnisorientiert zusammenzuarbeiten, geht nichts. Bei der Teambildung gilt es also, erst einmal die Anforderungen an die Teamfähigkeit zu benennen. Dann bedarf es sowohl einer kritischen Selbsteinschätzung der Teamkandidaten, als auch der Fremdeinschätzung, ob bzw. inwieweit man diesen Anforderungen entsprechen will und kann.

Wer von sich selbst weiß, dass er diesen Anforderungen nicht entspricht oder entsprechen will, sollte die Finger von der Teamarbeit lassen. Druck von außen anzuwenden oder jemanden gegen seine Überzeugung zur Teamarbeit zu überreden, führt unweigerlich zu Frust auf beiden Seiten.

Wenn Sie bereit sind, den Anforderungen zu entsprechen, kann für Sie der Prozess beginnen, Ihre Kompetenz zur produktiven Teamarbeit weiterzuentwickeln. Wenn Sie in der Phase der Teambildung sind, nutzen Sie den folgenden Anforderungscheck, um sich selbst und andere zu prüfen. Vergleichen Sie dabei die jeweilige Selbst- und Fremdeinschätzung. Das ist der erste Schritt zur Teamentwicklung.

Checkliste: Wie teamfähig sind Sie?

Anforderungen	Selbsteinschätzung					Fremdeinschätzung				
	++	+	0	–	––	++	+	0	–	––
Offen kommunizieren										
Information geben										
Feedback geben										
Ideen aufnehmen										
Wissen einbringen										
Teamziele erarbeiten										
Teamregeln beachten										
Kompromisse eingehen										
Sagen, was man denkt										
Anderen zuhören										
Sich in andere versetzen										
Anderen helfen										
Verlauf mitsteuern										
Flexibel sein										

Wenn sich Ihre Ergebnisse bei selbstkritischer Betrachtung mehr im positiven Bereich befinden und Ihnen andere dies Ergebnis bestätigen, stehen Ihnen alle Türen für erfolgreiche Teamarbeit und Teamentwicklung offen.

Vorsicht vor Laumännern und Heckenschützen

Der Teamarbeit sind dort Grenzen gesetzt, wo es – bei allem guten Willen – an der Teamfähigkeit einzelner Mitglieder mangelt. Gefährlich für die Teambildung und Teamentwicklung wird es dann, wenn einzelne die Teamzugehörigkeit missbrauchen, um eigene Leistungsschwächen zu kaschieren oder persönliche Machtziele zu verfolgen.

Trittbrettfahrer

„Fein, ich mache Teamwork, arbeiten können die anderen!" Eine solche Haltung kann das Aus für ein Team bedeuten. Seien Sie auf der Hut: Teams dürfen nicht zur Fluchtburg werden, weil die Mitarbeiter

- ihre Leistungsschwäche auf Kosten anderer in der Gruppe verbergen wollen,
- den eigenen, an persönlicher Leistung messbaren Arbeitsplatz fliehen,
- Anerkennung durch geistreiche Auftritte in der Gruppe suchen,
- die Gruppe als emotionale Hängematte nutzen wollen.

Das modische Etikett „Team" schützt nicht davor, dass Schwachleister, Schaumschläger oder Schmusesucher das Niveau einer Gruppe nach unten ziehen und Gruppen zu kollektiven „Schlechtleistern" werden.

Spätestens in der zweiten Phase der Teamentwicklung, der Orientierungsphase, wird es ernst für Laumänner. Durch Zielvereinbarungen und persönliche Verantwortlichkeiten entsteht ein Koordinatensystem, in dem auch die individuelle Leistung messbar wird.

Wenn Sie also ein Team zusammenstellen, achten Sie schon in der Formierungsphase darauf, dass Sie Leistungsträger und keine Trittbrettfahrer bekommen. Das gesamte Team wird es Ihnen danken.

Checkliste: Leistungsverhalten

Wie ist das individuelle Leistungsverhalten der zukünftigen Teammitglieder bisher gewesen?	
Haben sie sich schon einmal durch besondere Leistungen hervorgehoben?	
Sind sie in Projekten aktiv gewesen, und wie war ihr persönlicher Anteil am Ergebnis?	
Gibt es Anzeichen dafür, dass sie Leistung und Verantwortung scheuen?	
Gibt es Anzeichen dafür, dass sie von anderen „weggelobt" und ins Team „hineingelobt" wurden?	

Nur Einzelkämpfer siegen?

Vorsicht ist auch geboten gegenüber Kandidaten, die sich später als „Wölfe im Schafspelz" und als „Heckenschützen" erweisen können. Mit solchen Verhaltensmustern ist man umso mehr konfrontiert je stärker die jeweiligen Organisationen von Machtkämpfen, Intrigen und persönlichen Eitelkeiten bestimmt werden. Auch wenn in offiziellen Aussagen der Teamgeist beschworen wird und in Leitbildern und Führungsgrundsätzen verankert ist: Die Realität wird letztlich doch durch verdeckte Organisationsspiele geprägt. Dies hat für die Praxis der Teamentwicklung nicht selten Konsequenzen:

- Das obere Management praktiziert untereinander den harten „Nahkampf". Das vorgelebte Beispiel wird meist durch die jeweiligen Mitarbeiter nach unten weitergegeben.

- Das Prinzip „jeder gegen jeden" wird offiziell oder inoffiziell zum Leitbild erhoben und entsprechende Karrieren werden als Mythos wach gehalten.

- Mitarbeiter werden als Sprengköpfe und Spione in Teams entsandt.

- Teammitglieder „spielen Team", nutzen es aber nur zur eigenen Profilierung und dem Verfolgen eigener Interessen.

Gegen eine solchermaßen ausgeprägte Einzelkämpferkultur in Organisationen ist allerdings kaum ein Kraut gewachsen. Hier werden Sie immer auf Trittbrettfahrer und Einzelkämpfer stoßen, die das Team für eigene Zwecke instrumentalisieren. Um Missverständnissen vorzubeugen: Ein Bekenntnis zu Teamentwicklung und Teamarbeit bedeutet nicht, dass damit jeglicher Wettbewerb ausgeschaltet wird oder werden soll.

Der Wettbewerb Einzelner um bessere Leistung und um Ansehen und Einfluss, ist eine wichtige Triebfeder auch für die Leistung und den Erfolg einer ganzen Organisation.

> Wenn Sie ein Team zusammenstellen, achten Sie darauf, dass die Mitarbeiter aus einem Umfeld kommen, in dem Vertrauen und individuelle Leistung etwas gelten. „Gewächse" einer ausgeprägten „Misstrauensorganisation" erschweren Teamentwicklung erheblich.

Checkliste: Unternehmenskultur

Kommen die Mitarbeiter aus Organisationen mit wenigen oder sehr vielen Hierarchieebenen?

Sind die Mitarbeiter gewohnt, eigenständig zu arbeiten oder werden sie stark reglementiert?

Sind die Mitarbeiter eine flexible, bedarfsgerechte Arbeitszeitgestaltung oder eine strikte Zeiterfassung gewohnt?

Sind die Mitarbeiter Handlungsfreiheit im Rahmen von Zielvereinbarungen oder Anweisungen gewohnt?

Sind die Mitarbeiter Offenheit und Feedback oder nur eine verdeckte Kommunikation gewohnt?

Den Handlungsrahmen abstecken

Teamarbeit, Teambildung und -entwicklung fordern eine ganz spezifische, wohldurchdachte Organisation. Es ist also nicht damit getan, vorhandenen Organisationseinheiten einfach den modischen Teambegriff überzustülpen.

In diesem Kapitel erfahren Sie,

- mit welchen Schwierigkeiten Sie in der Orientierungsphase rechnen müssen,
- welche Organisationsfragen geklärt werden müssen und
- wie man Teamziele vereinbart.

Was in der Orientierungsphase wichtig ist

Handlungs-felder	Maßnahmen in der Orientierungsphase
Organisation	Aufbau, Ablauf und Handlungsrahmen; Zielvereinbarung
Qualifikation	Keine
Kooperation	Keine

Der Teamleiter ist bestimmt, die Teammitglieder sind ausgewählt. Mit dem nächsten Schritt beginnt nun die Arbeit im Team – sie beginnt als Arbeit am Team. Die Orientierungsphase ist die kritischste Phase der Teamentwicklung. Der Orientierungsrahmen und das Koordinatensystem für das gemeinsame Handeln müssen noch abgesteckt werden. Regeln für die Zusammenarbeit müssen erst erstellt werden. Spannungen und Konflikte in dieser Phase sind keine Seltenheit und nur allzu schnell scheint die Situation ausweglos.

Die Orientierungsprobleme in dieser Phase äußern sich häufig folgendermaßen:

- die organisatorische Abgrenzung ist im Team unklar;

- es ist unklar, wer für das Team verantwortlich ist;

- Verfahrensfragen werden langatmig behandelt;

- es wird kontrovers über die richtigen Ziele diskutiert;

- die Aufgaben sind nicht allen klar;

- der Sinn und Zweck des Teamauftrags wird in Zweifel gezogen;
- der Teamleiter wird angegriffen;
- man tastet sich gegenseitig vorsichtig ab;
- es besteht Unklarheit darüber, wer was kann und tun soll.

Es treffen Unsicherheiten auf persönlicher und inhaltlicher Ebene aufeinander. Schwierigkeiten in dieser Phase gehören also dazu und die Teammitglieder sollten darauf vorbereitet sein. Kontroversen auf der Sachebene entpuppen sich bei näherer Betrachtung häufig als Probleme auf der Beziehungsebene. Um keine „Spielchen" um Macht und Einfluss entstehen zu lassen, sollten Sie für eine verbindliche Organisation und klare Ziele zwischen allen an der Teamentwicklung Beteiligten sorgen.

Wie wird ein Team organisiert?

Für eine effiziente Teamentwicklung und eine erfolgreiche Teamarbeit sind zunächst vier Organisationsfragen grundsätzlich zu klären:

1 Wer übernimmt die Verantwortung für das Team?

2 Wie wird das Team in die Organisation eingefügt?

3 Welchen Handlungsspielraum braucht das Team?

4 Wie wird die alltägliche Arbeit organisiert?

1 Wer übernimmt die Verantwortung für das Team?

Durch klare Absprache darüber, wer welche Verantwortung für die Entwicklung eines Teams und dessen Input und Output trägt, wird verhindert, dass Teamentwicklung zur „unendlichen Geschichte" oder vollends zur Misserfolgsstory wird. Folgende Rollen und Verantwortlichkeiten gilt es zu verteilen:

- Gesamtleitung
- Coaching
- Teamleitung
- Teammitarbeiter.

Gesamtleitung

Diese Rolle kann von einer Führungskraft, der Geschäftsführung oder einem Steuerungsausschuss wahrgenommen werden. In der Praxis können Führungsaufgaben an den Teamleiter delegiert werden (Abteilungsleiter = Teamleiter). Diese Doppelrolle empfiehlt sich allerdings nur dann, wenn ein besonderes Vertrauensverhältnis zwischen Team und Teamleiter besteht und der Teamleiter ein sehr bewusstes Rollenverständnis vertritt. Die Gesamtverantwortung umfasst

- die Erteilung und Veränderung des Teamauftrags,
- die Zielvereinbarung und das Controlling,
- die Personalverantwortung gegenüber Teamleiter und Teammitgliedern.

Verzichten Sie in keinem Fall auf verbindliche Absprachen, wenn Mitarbeiter zugleich in ein Team, z. B. ein Projekt, und in eine andere Organisationseinheit, z. B. eine Abteilung, eingebunden sind.

Coaching

Coaching kann von einer erfahrenen und qualifizierten Führungskraft oder einem externen Berater wahrgenommen werden. Insbesondere in der Startphase einer Teamentwicklung sollte externe Unterstützung dabei sein. Das Coachen von Teams umfasst:

- die Unterstützung insbesondere des Teamleiters im systematischen Teamentwicklungsprozess,
- die Sicherung des Teamspielraums durch die Beratung der Führungskräfte, die Gesamtverantwortung für das Team tragen,
- die Beratung des Teams und einzelner Teammitglieder bei persönlichen Problemen oder Konflikten.

Teamleitung

Der Teamleiter hat keine disziplinarische Verantwortung. Als „Erster unter Gleichen" ist er verantwortlich

- nach innen für die Koordination, Moderation, Beratung und Konfliktregulierung,
- nach außen für Verhandlungen und die Repräsentation bzw. Präsentation des Teams bzw. der Teamleistungen.

Teammitarbeiter

Die Arbeit im Team darf nicht zur „Hängemattenpartie" werden, in der jeder sich auf den anderen verlässt. Deshalb trägt jedes Teammitglied neben der Verantwortung für besondere Aufgaben auch Querschnittsverantwortung für das gesamte Team:

- Informationsverantwortung, d.h. die aktive wechselseitige Bereitstellung aller wichtigen Erkenntnisse und Daten,

- Prozessverantwortung, d.h. die aktive Mitgestaltung der Teilschritte der Teamarbeit,

- Ergebnisverantwortung für die eigene Aufgabe und das Gesamtergebnis des Teams.

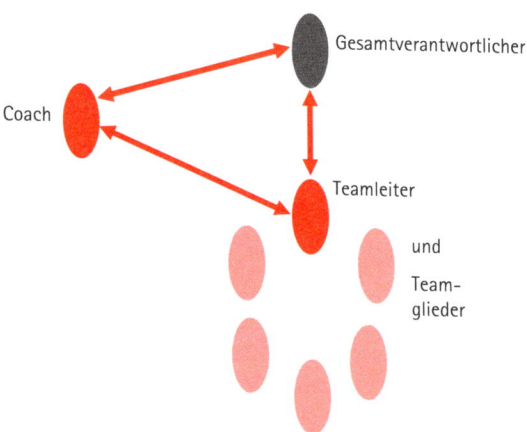

Rollenverteilung in der Teamentwicklung

2 Wie wird das Team in die Organisation eingefügt?

Teambildung und Teamentwicklung erfolgen nicht im leeren Raum. Die Pflegegruppe einer Krankenhausstation, die Montagegruppe einer Werkzeugmaschinenfabrik oder die Forschungs- und Entwicklungsabteilung eines Hightech-Unternehmens, in aller Regel verfügen sie über eine definierte Aufbau- und Ablauforganisation. Das Miteinander wird geregelt durch Organigramme, Stellen- und Aufgabenbeschreibungen, Hierarchien, Zielvereinbarungen, Budgets und Zeitpläne. Und außerhalb der Wirtschaft, in Kirchen, Verbänden und Vereinen, sieht es meist nicht viel anders aus.

Für die Teamentwicklung reicht es nicht aus, diese Organisationseinheiten einfach zu Teams zu erklären. Das Team muss vielmehr in die bestehende Organisation eingefügt werden. Oft müssen die Voraussetzungen für eine erfolgreiche Teamentwicklung erst geschaffen werden. Es gibt im Wesentlichen zwei Ansätze der organisatorischen Teambildung:

- die Abteilungs- oder Gruppenorganisation,
- die Schnittstellen- und Projektorganisation.

Abteilungs- oder Gruppenorganisation

Der eine Ansatz zielt darauf, eine bereits bestehende Organisationseinheit mit den vorhandenen Mitarbeiterinnen und Mitarbeitern, z. B. eine Abteilung oder eine Gruppe, zu einem Team umzugestalten. Das ist keine leichte Sache und Vorsicht ist geboten. Denn durch eine langjährige Zusammenarbeit haben sich meist Verhaltensweisen und Kommunikationsformen eingeschliffen, die für eine Teamentwicklung eher hinderlich sein können. Je ausgeprägter die „Grünpflanzenkultur" mit ihren Ritualen, wer mit wem redet oder nicht, wer für wen Kaffee kocht und wer welche Tasse benutzen darf, desto geringer sind die Chancen für eine echte Teambildung und Teamentwicklung.

Bevor Sie diesen Weg gehen, sollten Sie deshalb folgende Fragen prüfen und beantworten:

Checkliste: Abteilung oder Gruppe?

	Ja	Nein
Ist die bisherige Gruppen- bzw. Abteilungsleitung wirklich in der Lage, einen Teamentwicklungsprozess anzuleiten und zu begleiten?		
Verfügen die Gruppenmitglieder über genug Selbstbewusstsein und Autonomie, um sich in einem Teamentwicklungsprozess zu behaupten?		
Sind die Leistungsvoraussetzungen gegeben, um Synergien zu erzeugen?		
Sind die Gruppenmitglieder noch lernfähig?		
Begünstigen die vorhandenen Formen der Zusammenarbeit und Kommunikation in der Gruppe die Entstehung von Vertrauen und Loyalität?		
Stimmt die Gruppengröße?		

Kommen Sie bei der Beantwortung dieser Fragen zu einem eher negativen Ergebnis, müssen Sie sich daran machen, Schritt für Schritt die Gruppe umzubauen – angefangen bei der Leitung. Wenn Sie dann ein Kernteam von zwei bis drei Mitarbeitern haben, das die Keimzelle für die Teamentwicklung sein kann, müssen Sie möglichst rasch für einen personellen Wechsel bei den übrigen Gruppenmitgliedern sorgen.

Schnittstellen- und Projektorganisation

Ein weiterer Ansatz, ein Team organisatorisch einzubinden, besteht darin, an der Schnittstelle bestehender Organisationseinheiten dauerhaft oder auf Zeit eine neue Organisationseinheit einzurichten.

Damit haben Sie die beste Voraussetzung, denn es besteht von vornherein die Chance, die Größe, Struktur und Leitung des Teams neu zu bestimmen. Befristet und auf kurz- bis mittelfristige Ergebnisse angelegt, bieten Projekte günstige Voraussetzungen für eine Teamentwicklung.

Hinweis: Mehr zum Thema „Projektarbeit" erfahren Sie im TaschenGuide „Projektmanagement".

3 Welchen Handlungsspielraum braucht ein Team?

Gleichgültig wie Ihr Team in die Organisation eingebunden ist – innerhalb des vorgegebenen Rahmens können die Freiräume sehr unterschiedlich bemessen sein.

Beispiel:

Die Automobil-Fertigungsgruppe soll effektiv und fehlerfrei produzieren. Die Arbeitsorganisation und die Abläufe können dabei
so gestaltet werden, dass die Gruppenmitglieder entweder zu
Robotern werden oder aber eigenverantwortlich im Team die
gesamte Fertigung über die Schnittstellen Arbeitsvorbereitung,
Fertigung und Qualitätssicherung hinweg verantworten.

Das Forschungsteam eines Pharmakonzerns soll ein neues Antial-
lergikum entwickeln. Im Rahmen eines Personal-, Sachkosten-
und Zeitbudgets hat das Forschungsteam völlig freie Hand. Der
Handlungs- und Entscheidungsspielraum ist also sehr groß.

Von der Firmenkunden-Kreditabteilung einer Bank wird die sichere Prüfung, Votierung und Abwicklung von Krediten erwartet.
Die Kompetenzen und Richtlinien sind zumeist klar definiert.
Gerade in den letzten Jahren haben sich in den Banken die
„notleidenden Kredite" gehäuft. Das hat u. a. dazu geführt, dass
man sich nicht mehr nur auf das Einzelvotum von Mitarbeitern in
ihrem Kompetenzrahmen verlässt. Vielmehr bewerten Teams
neben der Bilanz auch die Strategie und das Management eines
Unternehmens und kommen somit zu einem abgerundeten Urteil.

Die Beispiele zeigen, dass dem Handlungs- und Entschei-
dungsspielraum von Teams immer ein Rahmen gegeben ist.
Dieser kann ablaufbedingt enger gefasst sein, z. B. in der
Fertigung, oder weiter, wie in der Forschung.

Wer Verantwortung für die Teamentwicklung trägt – also Teamleiter,
Coach und Gesamtverantwortlicher – muss dafür Sorge tragen, dass das
Team ein Maximum an Handlungs- und Entscheidungsspielraum innerhalb eines vorgegebenen Rahmens hat. Das begünstigt die Teamentwicklung und ermöglicht Spitzenleistungen.

4 Wie wird die alltägliche Arbeit organisiert?

Erfolgreiche Teamentwicklung und Teamarbeit hängen manchmal von ganz banalen Dingen ab, die aber eben doch organisiert sein müssen. Diese Dinge im Griff zu haben, gehört zu den Koordinationsaufgaben des Teamleiters. Doch das alleine genügt nicht: Die hohe Selbstverantwortung und Selbststeuerung des Teams erfordern, dass die Teammitglieder sich auch selbst organisieren.

Mit der folgenden Checkliste können Sie prüfen, ob die Basisforderungen für eine gelungene Organisation gegeben sind.

Checkliste: Teamorganisation

	Ja	Nein
Gibt es einen eigenen Arbeitsraum für das Team?		
Gibt es geeignete Nebenräume?		
Sind die Räume ausreichend und zweckmäßig möbliert?		
Ist die Telekommunikation zweckgemäß eingerichtet?		
Ist die Nähe zu wichtigen Kooperationspartnern gegeben?		
Ist bei Projekten das Zeitbudget der Teammitglieder geklärt?		
Ist ein Zeitplan erstellt?		
Ist die Dokumentation der Teamergebnisse geklärt?		

Wie vereinbart man Teamziele?

Für die effektive Teamarbeit mit einem hohen Leistungsanspruch gilt derselbe Grundsatz wie für die Unternehmens- und Mitarbeiterführung: Was man nicht messen kann, kann man auch nicht managen.

> Teamziele müssen konkret sein. Sie müssen quantifiziert und terminiert sein.

Zu Beginn einer Teamarbeit ist die Zielbestimmung meist noch eher vage und als Auftrag oder Aufgabe formuliert. Jetzt – zu Beginn des Arbeitsprozesses – gilt es, den Auftrag bzw. die Aufgabenstellung in ein oder mehrere messbare Ziele zu übersetzen. Die Zeit, die hierfür investiert wird, macht sich bezahlt. Eine klare Zielorientierung zu Beginn verhindert Desorientierung und die zermürbende Suche nach dem roten Faden im Verlauf der Teamarbeit. Vereinbarte Ziele versprechen für das Team Erfolgsgefühle, andererseits erlauben sie auch ein Controlling von Maßnahmen und Meilensteinen zur Zielerreichung.

Controlling heißt für Führungskräfte und Teamsprecher in erster Linie, als Coach des Teams den Realisierungsstand der Ziele und die ergriffenen Maßnahmen zu analysieren, bei Realisierungsschwierigkeiten die Suche nach Lösungswegen zu unterstützen, mentale und moralische Unterstützung zu bieten sowie flankierende Maßnahmen abzustimmen.

Formblatt Zielvereinbarung

Ziele	Meilensteine	Endtermin

Unterschrift Team   Unterschrift Führungskraft

Entscheidend für die Zielbildung im Team ist, dass sie untereinander einvernehmlich vereinbart wird. Deshalb empfiehlt
es sich auch, vereinbarte Ziele schriftlich zu dokumentieren.

Ziele schriftlich vereinbaren

Im betrieblichen Alltag werden ständig Informationen ausgetauscht und Ziele, Maßnahmen und Termine abgesprochen.
Würden diese alle dokumentiert, stünde am Ende eine läh-
mende Papiertigerei. Für die Zielvereinbarung im Team bzw.
der für das Team verantwortlichen Führungskraft ist die
schriftliche Dokumentation jedoch unerlässlich. Am besten
Sie verwenden dafür oben stehendes Formblatt.

Ziele messbar machen

Ziele messbar machen heißt, ein eindeutiges quantitatives Ergebnis zu definieren und den Zeitpunkt zu benennen, zu dem dieses Ergebnis erreicht ist. Häufig spricht man auch von operationalisieren. Das Ziel dabei ist, sich von der Unverbindlichkeit von Absichtserklärungen zu verabschieden:

Absichtserklärungen	Operationale Ziele
Wir wollen den Umsatz steigern.	Der Umsatz ist um 25 % gestiegen (Monat).
Die Servicequalität soll besser werden.	Anfragen werden binnen 3 Tagen beantwortet (Monat).
Ich intensiviere die Außendiensttätigkeit.	Je Quartal besuche ich 24 Kunden.
Der Ausschuss muss verringert werden.	Die Ausschussquote ist um 20 % gesunken (Monat).
Die Personalentwicklung wird verstärkt.	Ein neues Beurteilungswesen ist erarbeitet (Monat).

Und noch ein Tipp: Der Unverbindlichkeit von Absichtserklärungen kann man auch über die Art der Zielformulierung entrinnen. Definieren Sie das quantifizierte und terminierte Ziel als feststehendes Ergebnis und nicht als Möglichkeit in der Zukunft. Also: „Das Ergebnis *ist* gesteigert worden" statt „... *soll* gesteigert werden", „Das Konzept *ist* erarbeitet" statt „... *soll* erarbeitet werden" usw.

Verbindlichkeit durch Unterschriften

Eine Vereinbarung, die durch Unterschriften besiegelt wird, wird für die Teammitglieder und die Führungskraft verbindlicher. Das ist nicht nur für das Team entscheidend, sondern prägt die gesamte Unternehmenskultur: Ein über mehrere Ebenen geknüpftes Netz von Zielvereinbarungen steigert das Vertrauen im betrieblichen Leistungsgefüge. Unverbindlichkeit und laue Absichtserklärungen fördern eher eine Misstrauenskultur.

Verbindliche Zielvereinbarungen dieser Art haben noch einen weiteren positiven Effekt: Die Unterschrift von Mitarbeiter und Führungskraft wird immer auch zur Nagelprobe für die Zusammenarbeit von Führungskraft und Team. Ein für ein Team nicht akzeptabler verordneter Katalog unrealistischer Ziele wird spätestens bei der Unterschrift auf Widerstand stoßen.

Welche Ziele sich definieren lassen

Ein Team ist Teil einer Organisation, die einen bestimmten Zweck verfolgt:

- Der Zweck eines Wirtschaftsunternehmens ist es, Gewinn zu erzielen.
- Ein Sportclub strebt nach dem Platz 1 in der Liga.
- Ein Verband will bestimmte Interessen durchsetzen.
- Der Erfolg eines Museums lässt sich an den Besucherzahlen ablesen, usw.

Diese übergeordneten Ziele sind zumeist als Strategien und Jahrespläne formuliert. Aus diesen übergeordneten Zielen können Teams unmittelbar ihre Ziele ableiten und somit einen

Beitrag zur Erreichung des Gesamtziels leisten. Gleichwohl können Teams auch eigenständige Ziele verfolgen, die sich direkt aus ihrem ureigenen Teamauftrag ableiten lassen.

Der Erfolg des Unternehmens, des Sportclubs, des Verbands und des Museums schlägt sich in Zahlen nieder: der betriebswirtschaftliche Gewinn, die gewonnenen Spiele, die Zahl der Pressemeldungen über die Verbandsarbeit, die Zahl der Museumsbesucher. Das ist aber nur die eine Seite der Erfolgsmedaille. Zunehmend tragen die Qualität von Produkten und die Güte von Service und Dienstleitung zum Organisationserfolg bei. Das fehlerfreie Produkt, die gut beheizte Sporthalle des Clubs, die kundenfreundliche Mitgliederinformation des Verbands, die gute Orientierungshilfe und Wegführung im Museum erhöhen die Kundenzufriedenheit. Deshalb sind neben quantitativen Zielen auch qualitative Ziele wichtig.

Unterscheiden lassen sich:

- Beitragsziele: Ziele, mit denen ein Beitrag zu übergeordneten Zielen des Unternehmens oder eines Bereichs geleistet wird.

- Aufgabenziele: Ziele, die aus einem konkreten Teamauftrag abgeleitet werden.

- Quantitative Ziele: Messgrößen sind betriebswirtschaftliche Kennziffern wie Umsatz, Deckungsbeiträge, Kosten, Qualitätskennziffern, Produktions- und Verkaufszahlen usw.

- Qualitative Ziele: Ziele, die auf jeden Fall auch quantifiziert werden müssen, die sich aber nicht immer eindeutig messen lassen: Ziele der Personal- und Organisationsentwicklung, kreative Ziele, Konzeptentwicklung usw.

Zielmenge und Zielmix

Ein anspruchsvoller und ausgewogener Zielkatalog umfasst fünf bis sieben Ziele. Variationen ergeben sich situations- und aufgabenabhängig. Sie können durchaus in einem Jahr nur ein zentrales Ziel vereinbaren, ein anderes Mal dagegen zehn kleinere Ziele.

In einem Wirtschaftsunternehmen werden die Ziele vorwiegend aus vier Feldern abgeleitet: Markt und Absatz, Soll und Haben, Produktion und Dienstleistung, Personal und Organisation. Soll ein Team z.B. eine Marketingstrategie für ein neues Produkt erstellen, werden die Ziele in dem Feld „Markt und Absatz" angesiedelt. Ist mit dem Auftrag gleichzeitig eine Vertriebsplanung verbunden, werden auch Ziele aus dem Feld „Soll und Haben" abgeleitet.

Ordnen Sie Ihre Teamziele den verschiedenen Bereichen zu. Es kostet nur sehr wenig Zeit, gibt aber den Blick auf den größeren Zusammenhang der eigenen Arbeit frei. Das wirkt motivierend, da man nicht mehr das Gefühl hat, stets nur am eigenen „Süppchen zu kochen".

Teamziele

Markt und Absatz	Soll und Haben
Erschließen von Geschäftsfeldern; Absatzsteigerung; Marktbeobachtung; Kommunikation usw.	Umsatz; Ergebnis; Deckungsbeitrag; Sach- und Personalkosten

Produktion und Dienst-leistung	Personal und Organisation
Produktionsmenge; Produkt-qualität; Servicequalität; Produktentwicklung; Leis-tungsstandards	Aufbau- und Ablauforgani-sation; Personal- und Orga-nisationsentwicklung; Inno-vation; Projektmanagement

Maßnahmenplan anlegen

Wenn Ihre Ziele gesetzt sind, sollten Sie die einzelnen Schritte auf dem Weg zu den Zielen festlegen. Ein erreichtes Ziel ist immer das Ergebnis vielfältiger Maßnahmen. Planen Sie die Einzelmaßnahmen, Ihre Meilensteine auf dem Weg zum Ziel, auf der Grundlage des folgenden Formblatts – so können Sie die notwendigen Maßnahmen für jedes Einzelziel festlegen.

Ziel-Nr.	Maßnahmen mit Termin	Meilensteine mit Termin

> Die Maßnahmen sind oft so konkret, genau terminiert und quantifiziert, dass sie auch als Unterziele bezeichnet werden könnten.

Vermeiden Sie fruchtlose Debatten über das Verhältnis von Zielen und Maßnahmen und die „Deduktion von Richtzielen, Oberzielen und Teilzielen". Dieser akademische Streit führt zu nichts. Entscheidend ist, dass die systematisch und zeitlich geordnete Wahl konkreter Aktivitäten zum Ziel führt.

Mit dem Team arbeiten

Die Anforderungen im Alltag der Teamarbeit sind vielfältig und fordern sowohl den Teamleiter als auch die Teammitglieder stets aufs Neue.

In diesem Kapitel erfahren Sie, wie Sie

- das fachliche Wissen im Team entwickeln,
- Probleme auf der Beziehungsebene unter den Teammitgliedern produktiv umwandeln,
- Leistungen auf hohem Niveau halten und das Team motivieren.

Aktivieren Sie die Lernpotenziale

Handlungs-felder	Maßnahmen in der Aktivierungs- und Stabilisierungsphase
Organisation	Leistungen erkennen und anerkennen
Qualifikation	Lernpotenziale aktivieren
Kooperation	Kooperation optimieren; Konfliktpotenziale aufdecken und bearbeiten; Teamcoaching; Krisendiagnose und Therapie

Die Teamarbeit kann beginnen. Noch steht Ihr Team am Anfang. In diesem Stadium sind der Teamleiter oder ein Coach in besonderer Weise gefragt, aktiv das Team zu trainieren. Es geht dabei vor allem darum,

- die Lernpotenziale im Team zu aktivieren,
- Lernprozesse zu organisieren,
- die Kooperation im Team zu verbessern,
- Konflikte bzw. Konfliktpotenziale aufzudecken und produktiv für die weitere Teamentwicklung zu nutzen.

Der modische Begriff von der „lernenden Organisation" ist paradox: Nicht Organisationen lernen, sondern Menschen! Auch ein Team entwickelt sich, weil seine Mitglieder lernen. Wer im Team arbeitet, lernt zunächst durch praktische Erfahrung. Doch die Weiterentwicklung eines Teams fordert auch geplante Lernprozesse. In der Formierungsphase wurden Teammitglieder nach ihren Grundfähigkeiten ausgesucht. Jetzt geht es um spezifischere Fähigkeiten: Oft haben sich auch die Anforderungen in der Zwischenzeit geändert. Ermitteln Sie deshalb

- den Lernbedarf im Team und
- welche Lernstile und Lernmethoden für das Team günstig sind.

Wie Sie den Lernbedarf ermitteln

Prüfen Sie zunächst, wer im Team sein fachliches Wissen und seine Fertigkeiten noch auf den erforderlichen aktuellen Teamstandard bringen muss und wer sich spezialisieren und höher qualifizieren muss.

1. Schritt – Was wird gebraucht?

Das Team listet auf einem Flipchart die aktuellen und zukünftigen Aufgaben und Qualifikationsanforderungen auf.

Aktuelle Aufgaben	Aktuelle Anforderungen	Zukünftige Aufgaben	Zukünftige Anforderungen

2. Schritt – Wo stehen wir?

Der Teamleiter moderiert die Selbst- und Fremdeinschätzung der Teammitglieder, um den Qualifikationsstand und den Qualifizierungsbedarf zu ermitteln. Die folgenden Fragen sollten dabei beantwortet werden:

- Wer erfüllt die gegenwärtigen Anforderungen, muss sich aber für zukünftige Aufgaben weiterqualifizieren bzw. spezialisieren?

- Wer erfüllt die gegenwärtigen Anforderungen und muss sich nicht weiterqualifizieren bzw. spezialisieren?

- Wer erfüllt die gegenwärtigen Anforderungen noch nicht ganz und muss sich zusätzlich für zukünftige Aufgaben weiterqualifizieren bzw. spezialisieren?

- Wer erfüllt die gegenwärtigen Anforderungen noch nicht ganz und muss sich nicht weiterqualifizieren bzw. spezialisieren?

Um den individuellen Qualifizierungsbedarf im Verhältnis zum Gesamtteam deutlich zu machen, können Sie auf einem Diagramm auf dem Flipchart oder einer Pinnwand die Teammitglieder nach ihrem jeweiligen Lernbedarf eintragen.

Dieser Arbeitsschritt ist durchaus heikel. Teammitglieder sollen offen darüber sprechen, wo sie bei sich selbst und bei anderen Stärken und Schwächen sehen. Zugleich müssen sie sich mit dem Feedback der anderen hinsichtlich eigener Stärken und Schwächen auseinandersetzen.

Als Teamleiter müssen Sie zunächst einschätzen, ob das Team dazu bereits fähig ist oder nicht. Sollten Sie Zweifel daran haben – oder wenn der Zeitraum, um sich wechselseitig einschätzen zu können noch zu kurz war –, vertagen Sie die Ermittlung des Lernbedarfs auf einen späteren Zeitpunkt.

3. Schritt – Was ist zu tun?

Wenn der zweite Schritt nach Auffassung aller Teammitglieder geglückt ist, geht es um die Maßnahmenplanung.

- Für qualifizierte Teammitglieder mit Spezialisierungsbedarf müssen externe Weiterbildungsmöglichkeiten gesucht werden.

- Qualifizierte Teammitglieder ohne Spezialisierungsbedarf übernehmen Lernpartnerschaften, um das gesamte Team auf den erforderlichen Qualifikationsstand zu bringen.

- Wer die gegenwärtigen Anforderungen noch nicht ganz erfüllt und sich zusätzlich für neue Aufgaben weiterqualifizieren bzw. spezialisieren soll, ist doppelt gefordert. Hier müssen die qualifizierten Teammitglieder als fachliche Trainer und Mentoren in die Bütt. Persönliche Anleitung, „Learning by doing" und Selbststudium sind hier erforderlich. Externe Maßnahmen kommen hinzu.

- Problematisch ist, wenn Teammitglieder die gegenwärtigen Anforderungen (noch) nicht erfüllen und für ihre Weiterqualifizierung kein Bedarf besteht. Sei es, weil sie bislang „Kreide gefressen haben" und sich kompetenter dargestellt haben als sie sind. Sei es, dass sie politisch ins Team gedrückt worden sind. In jedem Fall sind in der Formierungsphase Fehler gemacht worden. Aktiv zu qualifizieren ist aufwändig und zeitintensiv. Kommt dies nicht in Frage, sollten Sie versuchen, diese Teammitglieder auszutauschen.

4. Schritt – Nägel mit Köpfen

Sie können nun einen Lernplan mit Lernmaßnahmen und Lernpartnerschaften erstellen und visualisieren.

Team	Lernt selbst ...	Ist Lernpartner für ...
Gerd	Erhält den eigenen Standard durch Selbststudium	Meike
Karin	Erhält den eigenen Standard durch Selbststudium	Lars
Lars	Anpassung an den Teamstandard durch Lernpartnerschaft, Selbststudium und Learning on the job im Team	
Jan	Muss noch besser werden durch Selbststudium und Learning on the job im Team	Bei Bedarf für Lars und Meike
Meike	Anpassung an den Teamstandard durch Lernpartnerschaft, Selbststudium und Learning on the job im Team	
Sarah	Externe Weiterbildung und Learning on the job außerhalb des Teams	
Susi	Externe Weiterbildung und Learning on the job außerhalb des Teams	
???	Entweder Anpassung an den Teamstandard oder Austausch	

Qualifizierte Teammitglieder planen geeignete Lernmaßnahmen für ihre Teampartner, die noch auf den neuesten Stand gebracht werden müssen, führen die Maßnahmen selbst durch und tragen damit einen Teil der Verantwortung.

Die Lernstile ermitteln

Jeder kennt die Situation: Man hat sich ein neues Videogerät gekauft und sitzt nun mit Partner oder Freund davor und studiert die Funktionsweise. Der Streit ist vorprogrammiert. Der eine will zuerst die Bedienungsanleitung genau studieren, der andere will gleich mal alle Knöpfe ausprobieren. Woran liegt das? – Zwei verschiedene Lerntypen treffen aufeinander.

Um die Lernpotenziale im Team voll nutzen zu können, ist es hilfreich, wenn jeder seinen Lernstil kennt. Nach dem Modell von D. A. Kolb lassen sich vier Lernstile unterscheiden, wobei sich jeweils zwei Stile polar gegenüberstehen:

- praktisches Lernen ↔ abstraktes Lernen
- reflektierendes Lernen ↔ experimentelles Lernen

Demnach lernen manche besser durch praktische Tätigkeit und konkrete Anschauung, andere dagegen bevorzugen Modelle und Theorien zum Lernen. Wieder andere erzielen durch Beobachtungen und Reflexion von Erfahrungen den größten Lerngewinn, und eine vierte Gruppe lernt am besten durch Versuch und Irrtum, also durch das Experiment. Die Übergänge sind fließend: Ist ein Lernstil besonders ausgeprägt, bedeutet das nicht, dass nicht auch die anderen Lernstile genutzt werden können.

Bestimmen Sie Ihren Lernstil

In der folgenden Abbildung sind in vier Feldern Verhaltensweisen beschrieben. Finden Sie heraus, welches Feld Sie besetzen. Dann haben Sie auch den Lernstil bestimmt, der Ihnen vermutlich besonders liegt.

Es kann durchaus auch sein, dass einige Verhaltensweisen in mehreren Feldern – mehr oder weniger – für Sie charakteristisch sind. Nutzen Sie diese Selbsteinschätzung – evtl. im Gespräch mit einem Teampartner – um sich ein möglichst klares Bild über Ihre Präferenzen zu verschaffen.

Praktisches Lernen · Reflektierendes Lernen

Erfahrung

Mir liegt es, praktisch zu handeln, Ideen umzusetzen, aktiv zu gestalten, Modelle zu erproben.

Mir liegt es, zu beobachten, Beobachtungen zu reflektieren, Aspekte abzuwägen, Erfahrungen auszuwerten.

Experiment · Reflexion

Mir liegt es, zu experimentieren, durch Versuch und Irrtum zu lernen, Ideen auf ihre Machbarkeit abzuklopfen, Modelle zu vergleichen.

Mir liegt es, zu abstrahieren, Zusammenhänge herzustellen, Erfahrungen auf den Begriff zu bringen, in Modellen zu denken.

Theorie

Experimentelles Lernen · Abstraktes Lernen

Das Lernstilmodell

Wie setzt man die Ergebnisse um?

Jedes Teammitglied führt seine Selbsteinschätzung durch und stellt sie den anderen Teammitgliedern vor. Das Team kann von diesen Ergebnissen direkt profitieren:

- Visualisieren Sie die Verteilung der Lernstile im Team. Daraus ersehen Sie, ob das Team eher heterogen oder homogen zusammengesetzt ist. Homogene Teams finden schnell ihren gemeinsamen Weg, um Informationen zu verarbeiten und neues Wissen aufzunehmen. In eher theoretisch orientierten Teams z. B., werden sich die Teammitglieder wissenschaftlicher Literatur bedienen und die Lektürearbeit im Team aufteilen. Ein erfahrungsorientiertes Team wird dagegen die Praxiserkundung bevorzugen.

- Erörtern Sie anhand des erstellten Lernplans, wie methodisch am besten gearbeitet wird, um den im Team repräsentierten Lernstilen möglichst individuell zu entsprechen.

- Ideal ist es, den gesamten Lernprozess innerhalb der Teamentwicklung als Spirale anzulegen:

  1 In der Praxis werden Erfahrungen gesammelt;

  2 die gesammelten Erfahrungen werden geordnet und überdacht;

  3 die Ergebnisse werden in ein Erklärungsmodell gebracht;

  4 dieses Modell wird praktisch erprobt;

  5 die Erprobungsergebnisse fließen wieder in die Praxis ein und verändern sie.

Konfliktpotenziale produktiv nutzen

Teamprozesse verlaufen nie ohne Spannungen und Konflikte. Probleme im Team zwanghaft zuzudecken ist falsch. Richtig ist vielmehr, die Konflikte aufzudecken und zu bewältigen: Sie sind stets Ausdruck verdeckter Probleme und Spannungen im Team. Nur so bleibt ein Team arbeitsfähig und kann sich weiterentwickeln. Doch übertreiben Sie nicht: Nicht jede Ungereimtheit ist gleich ein veritabler Konflikt. Produzieren Sie also keine Konflikte um ihrer selbst willen. Andererseits sollten Sie bei einer planvollen Teamentwicklung auch nicht warten, bis es zum Knall kommt. Vielmehr gilt es, frühzeitig Konfliktpotenziale zu erkennen und zu bearbeiten. Das Ziel dabei ist, dass allen Teammitgliedern die Konfliktpotenziale und ihre Ursachen bewusst sind. Nur wer die Probleme kennt, kann auch gezielt darauf reagieren.

Konflikte zu lösen ist nicht nur eine lästige Pflichtübung. Konfliktpotenziale können sehr oft für die weitere Teamentwicklung fruchtbar gemacht werden. Es kann sich also lohnen, wenn sich Teams von Zeit zu Zeit auch mit sich selbst beschäftigen. Ähnlich wie Teams auf der Sachebene Organisation und Ziele regeln, müssen sie auch ihre Probleme auf der Beziehungsebene klären. Dabei geht es nicht um das „Was" bei der Zusammenarbeit, sondern um das „Wie". Nur so entwickeln sich Vertrauen und Loyalität in einem Team.

Teamtraining

Konkrete Probleme und Konflikte müssen in der täglichen Teamarbeit bewältigt werden. Das Teamtraining dient der geplanten Selbstreflexion und der vorsorglichen Konfliktbewältigung. Unter Anleitung werden insbesondere gruppendynamische Prozesse bearbeitet. Teamtraining sollte Ihr Team ständig begleiten. Themen und Methoden des Teamtrainings können z. B.

- als Tagesordnungspunkt einer Teambesprechung aufgenommen werden,
- Inhalt eines ein- bis zweitägigen Workshops außerhalb des Tagesgeschehens sein.

Ein Teamtraining umfasst Übungen und Methoden zur Prüfung des Standorts und zur weiteren Entwicklung des Teams. Auf den folgenden Seiten finden Sie einige Methoden und Übungen. Sie bilden eine Art Baukasten, aus dem sich interne oder externe Coachs, Führungskräfte oder Teamleiter im Rahmen eines Teamtrainings bedienen können. Welche Übungen Sie einsetzen und in welcher Reihenfolge, sollten Sie von der Situation abhängig machen, in der Ihr Team gerade steckt.

Checkliste: Teamtraining

	Ja	Nein
Ist die Teamtrainerrolle geklärt? (Interner oder externer Coach, Teamleiter oder ein qualifiziertes Teammitglied)		
Erfolgt das Teamtraining aufgrund eines aktuellen oder latenten Bedarfs? Sind die Ziele und Methoden entsprechend geklärt?		
Ist der zeitliche Rahmen ausreichend, um ohne Druck Themen bei Bedarf ausgiebig zu behandeln?		
Ist der organisatorische Rahmen für den Wechsel zwischen Intensivtraining und Entspannung geeignet?		
Sind die technischen Voraussetzungen, wie z. B. Flipchart, Pinnwände, Moderatorenkoffer, Beamer, Video gegeben?		

Sonne oder Sturm? – Das Teamklima ermitteln

Bildhaft gesprochen, gibt es für Teams eine Großwetterlage und ein Binnenklima. Es kann heiß oder kalt, freundlich oder unfreundlich sein. Verwenden Sie ganz bewusst solche Bilder und Analogien. Das macht es leichter, atmosphärische Spannungen zu erkennen und dahinter liegende Zusammenhänge aufzudecken.

Teamtraining Teamklima

Warum?	Um eine Gesamtsicht der Teamsituation zu erhalten; um latente Störungen zu thematisieren; um Änderungsbedarf festzustellen.
Wann?	Zu Beginn eines Teamtrainings oder als „Blitzlicht" in einer schwierigen Arbeitssituation, um das Klima zu verbessern.
Wie?	Auf der Pinnwand, einem Flipchart oder einer Wandzeitung ist ein „Teambarometer" dargestellt (siehe folgende Abbildung). Die Teammitglieder werden aufgefordert (offen oder verdeckt), in dem Feld einen Punkt einzutragen, das das Teamklima am besten charakterisiert. Anschließend begründet jeder seine Wertung. Übereinstimmungen, Differenzen und deren Hintergründe werden thematisiert.
Was ist zu tun?	Der Teamtrainer führt die Übung durch und moderiert die anschließende Diskussion; er dokumentiert bei Bedarf die gewünschte Veränderung im Teamklima und fordert das Team auf, Maßnahmen zu nennen, um den erwünschten Zustand zu erreichen.

Mit Hilfe des Teambarometers können die Teammitglieder die Atmosphäre im Team sichtbar machen.

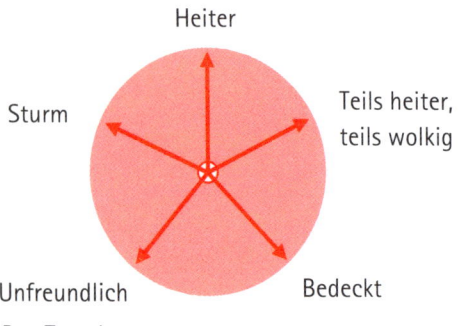

Heiter

Sturm

Teils heiter,
teils wolkig

Unfreundlich

Bedeckt

Das Teambarometer

Friedhof oder Schlachthof? – Umgangsformen klären

Wie schnell rutscht einem nicht schon mal etwas heraus, was man lieber nicht gesagt hätte – doch schon ist die Situation eskaliert. Die Umgangsformen werden immer rüder, man nimmt immer weniger Rücksicht aufeinander. Legen Sie deshalb zusammen mit dem Team Spielregeln des Umgangs fest. Auf die etwas skurrilen Begriffe „friedhöflich" und „schlacht(un)höflich" gebracht, lassen sich die bisherigen und die für die Zukunft gewünschten Umgangsformen miteinander klären.

Teamtraining Umgangsformen

Warum?	Um zu klären, was im Umgang miteinander bisher möglicherweise schief gelaufen ist; um für die Zukunft Verhaltensspielregeln für den Umgang miteinander festzulegen.
Wann?	Bei akuten Auseinandersetzungen, in denen Teammitglieder den Eindruck haben, dass der Umgangston nicht stimmt. Im Teamtraining, um vergangene Konfliktsituationen zu besprechen und Regeln für die Zukunft aufzustellen.
Wie?	Auf der Pinnwand, einem Flipchart oder einer Wandzeitung wird ein Diagramm mit den Achsen Wertschätzung und Offenheit erstellt. Die Teammitglieder werden aufgefordert, an Beispielen aufzuzeigen, was für sie Teamzusammenarbeit konkret bedeutet. Das Maß an zu viel „friedhöflicher" Wertschätzung oder „schlachtunhöflicher", verletzender Offenheit soll an Beispielen erarbeitet werden. Das ausgewogene Verhältnis zwischen beiden Verhaltensweisen als Basis der Teamarbeit wird in Form konkreter Verhaltensgrundsätze beschrieben.
Was ist zu tun?	Der Teamtrainer führt die Übung durch und moderiert die anschließende Diskussion; er dokumentiert die erarbeiteten Verhaltensspielregeln.

Jedes Team braucht andere Regeln. Exemplarisch seien hier jedoch einige Spielregeln genannt, die für die meisten Teams gelten können:

- Jeder ist für die Inhalte und den Verlauf der Teamarbeit verantwortlich.

- Die Klärung von Problemen auf der Beziehungsebene hat Vorrang vor Sachthemen.

- Nach jeder Teamsitzung wird ein Themenspeicher mit den noch offenen Fragen angelegt.

- der Teamleiter hat das Recht, bei Bedarf einem Teammitglied die „gelbe Karte" zu zeigen.

- Ein Teammitglied kann durch Mehrheitsbeschluss aus dem Team ausgeschlossen werden.

Subjekt oder Objekt? – Den Teamprozess beobachten

Soll sich Ihr Team optimal entwickeln, muss der Gruppenprozess stetig verbessert werden. Wenn man versteht, was im Team abläuft, hat man schon einen wichtigen Schritt getan. Ein bewährter Klassiker zur Beobachtung von Gruppenprozessen stammt von Bales. Seine Instrumente sind ein hervorragendes Hilfsmittel für das Team, um das Miteinander zu verstehen und gemeinsam zu verbessern. Das Hauptmerkmal dieser Methode: Die Rollen wechseln zwischen beobachtendem Subjekt und beobachtetem Objekt. Untersucht werden

- das Integrationsverhalten,
- die Bewältigung von Spannungen,
- das Entscheidungsverhalten,
- das Kontrollverhalten,
- das Bewertungsverhalten,
- das Orientierungsverhalten.

All diese Verhaltensweisen prägen Gruppenprozesse ganz entscheidend. Die Teammitglieder lernen kritisch darauf zu achten, wie sie zusammenarbeiten und wie sie miteinander umgehen. Teamförderndes und teamstörendes Verhalten können klarer unterschieden werden.

Checkliste: Teambeobachtung

Faktoren	Teamförderndes Verhalten	Teamstörendes Verhalten
Integration	Zeigt Solidarität, bestärkt andere, gibt Hilfe	Zeigt Feindseligkeit, mindert Status anderer, bringt sich zur Geltung
Bewältigung von Spannungen	Zeigt Entspannung, lacht, macht Späße, zeigt sich zufrieden	Zeigt Spannung, verlangt Hilfeleistung, zieht sich zurück
Entscheidung	Stimmt zu, zeigt Anerkennung, teilt und befolgt Auffassung anderer, bejaht	Stimmt nicht zu, zeigt Ablehnung, zeigt formale Einstellung, verweigert Hilfestellung

Faktoren	Teamförderndes Verhalten	Teamstörendes Verhalten
Kontrolle	Gibt Empfehlungen, macht Vorschläge, erkennt die Autonomie anderer an, kommuniziert umsichtig	Erfragt Empfehlungen, fragt nach Anleitung und Verhaltensregeln
Bewertung	Äußert Meinungen, bewertet, teilt analytische Befunde mit, zeigt Gefühle, äußert Wünsche	Erfragt Meinungen, Bewertungen und analytische Befunde; wertet ab
Orientierung	Gibt Orientierung, gibt Auskunft, wiederholt, informiert, klärt, erklärt, bestätigt	Erfragt Orientierung, verlangt Auskunft, Wiederholung, Klärung, Bestätigung, Information

Sie können diese Kriterien als praktisches Hilfsmittel nutzen, um die wichtigsten Faktoren für den Gruppenprozess zu erfassen. Sie sollten diese Faktoren auch dann im Hinterkopf haben, wenn Sie nach Gründen für Konflikte suchen, die Ihnen zunächst unverständlich erscheinen.

Ein Team ist kein Perpetuum mobile – es braucht stets Anregungen, um weiter zu laufen. Deshalb ist es sinnvoll den Gruppenprozess immer im Blick zu haben und gegebenenfalls korrigierend einzugreifen.

Teamtraining Prozessbeobachtung

Warum?	Um das Verhalten der Teammitglieder untereinander zu beschreiben; um Ursachen störenden Verhaltens zu ermitteln; um einen Sollzustand zu beschreiben; um die eigene Wahrnehmung zu schulen und zu lernen, Feedback zu geben.
Wann?	Erst im Rahmen einer Klausurtagung, dann in der Echtsituation der Teamarbeit und Teamentwicklung.
Wie?	Es werden die Bereiche Integration, Bewältigung von Spannungen, Entscheidung, Kontrolle, Bewertung, Orientierung beobachtet. Diesen Bereichen sind Verhaltensweisen zugeordnet, die Teamprozesse positiv oder negativ beeinflussen. Dieses Instrument kann je nach Reifegrad des Teams unterschiedlich eingesetzt werden:
	Der Teamtrainer beobachtet das Verhalten im Team und gibt abwechselnd einzelnen Teammitgliedern oder dem ganzen Team eine Rückmeldung.
	Das gesamte Team wird mit dem Instrument vertraut gemacht und erprobt es spielerisch an simulierten Gruppengesprächen mit vorgegebenen Rollen. Es wird vereinbart, dass im Anschluss an den Workshop, die normale

	Teamarbeit abwechselnd jeweils von einem Teammitglied beobachtet wird. Feedback erfolgt einzeln und in der Gruppe. In der Echtsituation der Teamarbeit wird im Anschluss an eine Arbeitssitzung gemeinsam der gelaufene Prozess aus der Erinnerung heraus analysiert. Dieses setzt allerdings die Fähigkeit zum behutsamen Feedback voraus.
Was ist zu tun?	Der Teamtrainer stellt das Instrument vor und trainiert die Anwendung; alle Teammitglieder sind sowohl Beobachter als auch Beobachtete.

Plus oder Minus? – Das eigene Verhalten überprüfen

Wie teamgerecht ist Ihr eigenes Verhalten? Manche Verhaltensgewohnheiten können das Leistungspotenzial Ihres Teams einschränken, ohne dass Sie oder andere sich dessen bewusst wären. Das Verhaltensprofil (siehe folgende Abbildung) kann jedes Teammitglied für sich nutzen. Vergleichen Sie Ihr persönliches Profil mit der roten Kurve. Sie zeigt ein Verhaltensprofil, an dem Sie sich orientieren können, ein Profil, das zu besserer Kooperation und zu Leistungssteigerung beiträgt.

Welches Verhalten sich positiv oder negativ auf die Arbeit im Team auswirkt, zeigt die eingezeichnete Kurve. „Total out" ist demnach aggressives und stures Verhalten. „Total in" ist dagegen ein Mix aus rücksichtsvollem, vermittelndem, zugleich in der Sache hartnäckigem Verhalten.

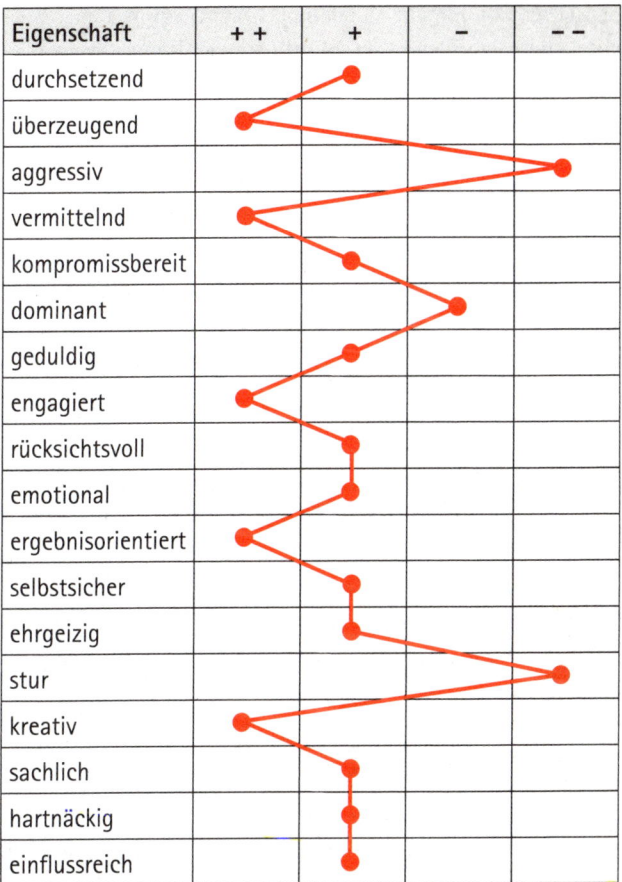

Eigenschaft	+ +	+	–	– –
durchsetzend		●		
überzeugend	●			
aggressiv				●
vermittelnd	●			
kompromissbereit		●		
dominant			●	
geduldig		●		
engagiert	●			
rücksichtsvoll		●		
emotional		●		
ergebnisorientiert	●			
selbstsicher		●		
ehrgeizig		●		
stur				●
kreativ	●			
sachlich		●		
hartnäckig		●		
einflussreich		●		

Beispiel eines Teamprofils

Bei dieser Übung geht es allerdings nicht darum, den Teammitgliedern ein bleibendes Etikett aufzudrücken. Die gegenseitige Selbst- und Fremdeinschätzung soll vielmehr dazu anregen, den Gruppenprozess zu überdenken. Wann und wo
treten Störungen auf? Besteht ein Zusammenhang zwischen
diesen Störungen und den Verhaltensweisen Einzelner im
Wechselspiel mit anderen Teammitgliedern? Lassen Sie sich
dabei aber nicht von der Idee leiten, Sie müssen genauso sein
wie „Max Mustermann" oder „Monika Musterfrau". Prüfen Sie
allerdings selbstkritisch, wie Sie durch Ihr Verhalten, bzw. durch
eine Veränderung Ihres Verhaltens, das Team fördern können.

Teamtraining Verhaltensprofil

Warum?	Um das Verhalten des Einzelnen im Team zu spiegeln; um den Gruppenprozess zu analysieren.
Wann?	Im Verlauf eines Teamtrainings oder nach einer Vorbereitungsphase nach einer schwierigen Teamsituation; um das Klima zu verbessern.
Wie?	Alle Teammitglieder zeichnen ihr eigenes Teamprofil und das Teamprofil der anderen Gruppenmitglieder. Die Teammitglieder geben sich wechselseitig Feedback.
Was ist zu tun?	Der Teamtrainer führt die Übung durch und gibt den einzelnen Mitgliedern eine persönliche Rückmeldung. Er organisiert die wechselseitige Rückmeldung unter den Teammitgliedern und moderiert die anschließende Diskussion.

Analyse oder Vision? – Sich wechselseitig ergänzen

Teamarbeit besteht zu einem guten Teil daraus, Probleme zu lösen. Was aber, wenn es in einem Team von acht Leuten vier verschiedene Ansätze gibt, die Probleme in den Griff zu bekommen? Ist fruchtloser Streit die Folge? Woran liegt es, dass so unterschiedlich gedacht und gehandelt wird?

Menschen gehen sehr unterschiedlich an Probleme und deren Lösung heran, weil sie je nach Typ verschiedene Denkstile bevorzugen. Die Art und Weise wie Teammitglieder denken und Probleme bearbeiten, beeinflusst die Kommunikation und Kooperation untereinander. Welchen Denk- und Problemlösungsstil wir bevorzugen, hängt davon ab, ob wir mehr die linke oder die rechte Gehirnhälfte aktivieren. Die linke Gehirnhälfte wird tätig, wenn wir eher analytisch und planvoll an ein Problem herangehen. Die rechte Gehirnhälfte steht für einen mehr kreativen und emotionalen Stil. Diese Denkstile lassen sich mit Hilfe eines einfachen Tests – dem Hirn-Dominanz-Instrument (H.D.I.) – leicht ermitteln. Schon das Nachdenken über die verschiedenen Denkstile bringt die Diskussion im Team auf eine objektive Basis. Die Teammitglieder verstehen, woher die verschiedenen Lösungsansätze kommen und entwickeln Verständnis füreinander.

Es ist durchaus sinnvoll bei der Teambildung darauf zu achten, alle Denkstile einzubinden. Damit sind zwar Konflikte vorprogrammiert, doch Konflikte dieser Art sind das Salz in der Suppe der Teamentwicklung: Der Weg führt über die Auseinandersetzung zur gegenseitigen Akzeptanz bis hin zur wechselseitigen Ergänzung und Synergie.

Machen Sie den Problemlösungsprofil-Test

Unterstreichen Sie in jedem Quadranten die Verhaltensweisen, Eigenschaften bzw. Tätigkeiten, die Ihnen am meisten entsprechen. Überlegen Sie nicht lange! Es gibt keine richtigen oder falschen, keine guten oder schlechten Verhaltensweisen. Suchen Sie nicht die Tätigkeiten heraus, die vermeintlich ein besseres Image haben als andere. Sie können in jedem Quadranten so viele oder so wenige Begriffe markieren, wie Sie möchten. Zählen Sie anschließend die Nennungen je Quadrant zusammen.

Analytisch

Alleine arbeiten
Formeln anwenden
Ziele erreichen
Daten analysieren
Dinge zusammensetzen
Schwierige Probleme lösen
Vorgegebene Zahlen erfüllen
Gefordert werden
Diagnostizieren
Fragen klären
Logisch vorgehen

Experimentell

Gestalten
Aufregung haben
Risiken eingehen
Visionen haben
Abwechslung haben
Veränderungen bewirken
Experimentieren
Neue Dinge entwickeln
Lösungen finden
Freiraum sehen
Spielerisch vorgehen

Dinge bauen
Alles unter Kontrolle haben
Status quo aufrechterhalten
Ordnung herstellen
Dinge planen
Stabilisieren
Alles rechtzeitig erledigen
Sich den Details widmen
Aufgaben strukturieren
Unterstützung bieten
Verwalten

Gruppen zusammenbringen
Ideen ausdrücken
Beziehungen aufbauen
Unterrichten / ausbilden
Ausdrucksvoll schreiben
Mit Menschen arbeiten
Menschen überzeugen
Teil eines Teams sein
Kommunizieren
Zuhören und reden
Beraten

Planend

Kommunikativ

Mögliche Verhaltensweisen

Auswertung

Mit hoher Wahrscheinlichkeit zeigt Ihr Profil, dass Sie alle vier Problemlösungsstile nutzen, allerdings mit unterschiedlicher Ausprägung. Die meisten von uns bevorzugen einen Stil, der sich als besonders erfolgreich und damit motivierend erwiesen hat. Die Anzahl der Markierungen pro Quadrant zeigt an, welcher Stil bei Ihnen dominiert und wie das Verhältnis der vier Stile untereinander ist:

- Der analytische Stil: Sie orientieren sich bei der logisch-kritischen Analyse eines Problems an Fakten und Zahlen. Reines Spekulieren liegt Ihnen nicht.

- Der planende Stil: Probleme strukturiert zu bearbeiten und Lösungen ordentlich und zeitnah umzusetzen sind Ihre Stärke. Die großen Worte überlassen Sie anderen.

- Der experimentelle Stil: Sie gehen die Dinge eher spielerisch und ideenreich an. Strategisch-konzeptionell die Dinge zu bearbeiten liegt Ihnen mehr, als die Detailarbeit.

- Der kommunikative Stil: Die Gestaltung der Beziehung in der Zusammenarbeit mit anderen ist für Sie von hoher Bedeutung. Ein positives Arbeitsklima ist für Sie Voraussetzung für die Bearbeitung abstrakter Fragestellungen.

Im Teamtraining können nun die individuellen Profile der einzelnen Teammitglieder erstellt und untereinander abgeglichen werden. Daraus lassen sich entsprechende Schlüsse für die Chancen und Risiken der Zusammenarbeit ableiten. Eine sehr homogene Gruppe wird zwar wenig Konfliktpotenzial aufweisen, bei der Lösung von Problemen wird sie dagegen eher schwerfällig und weniger kreativ agieren. Eine sehr heterogene Gruppe dagegen hat ein hohes Konfliktpotenzial. Ist dies freilich erst überwunden, stehen alle Türen für kreative Lösungen offen.

Teamtraining Denkprofile

Warum?	Um die individuellen Denk- und Problemlösungsstile zu ermitteln; um das daraus resultierende Verhalten im Team erklären zu können; um mögliche Störungen in der Kommunikation und Kooperation erklären und abbauen zu können; um die Chancen, sich wechselseitig zu ergänzen, wahrzunehmen.
Wann?	Im Verlauf eines Teamtrainings zur Analyse möglicher Störungen in der Kommunikation und Kooperation im Team.
Wie?	Alle Teammitglieder führen den Selbsttest durch und werten ihn für sich aus. Alle Teammitglieder stellen ihre Profile vor, erklären, ob sie damit übereinstimmen oder nicht und erfragen die Meinung der anderen. Danach werden die besonderen Stärken eines jeden Stils gesammelt und dokumentiert, z. B. am Flipchart. In einem nächsten Schritt werden die im Team vorhandenen Stile aufgelistet und es wird gemeinsam erarbeitet, welchen Nutzen sie dem Team bringen und welche Konfliktpotenziale für die Kooperation im Team damit verbunden sein können. Dabei sollen die Erfahrungen im eigenen Team angesprochen werden. Typische Konfliktmuster im Team werden aufgedeckt. Zum Abschluss sollte versucht werden, ein gemeinsames Teamprofil zu skizzieren, um

	festzustellen, ob alle Stile repräsentiert sind und sich wechselseitig ergänzen.
Was ist zu tun?	Der Teamtrainer führt den Test durch und moderiert die Auswertung. Die Teammitglieder gehen aufeinander zu und werten wechselseitig ihre Profile aus. Der Teamtrainer weist darauf hin, dass die Stärke des Teams in der wechselseitigen Ergänzung von Fähigkeiten und Potenzialen liegt.

Die folgende Checkliste hilft Ihnen, ein Profil Ihres Teams zu erstellen und die Vor- und Nachteile der verschiedenen Typen anzusprechen. Eine Diskussion im Team über die jeweiligen Konfliktpotenziale schafft Verständnis für die verschiedenen Denkstile und daraus folgende Verhaltensweisen.

Checkliste: Denkstile im Team

Problemlösungsstil	Nutzen für das Team	Konfliktpotenziale
analytisch	Sachlichkeit; Zahlenverständnis; „Rationalitätsprinzip"	Ungeduldig, kritisch; Feindbild: „sozialpädagogische Plaudertaschen"
planend	Trifft Vorkehrungen; Pünktlichkeit, Zuverlässigkeit; „Ordnungsfaktor"	Form wichtiger als der Inhalt; Feindbild: „abstrakte Galaktiker"

experimentell	Risikofreude; Kreativität; Intuition; „Strategische Kraft"	Die Ideen habe ich, die Arbeit sollen die anderen tun; Feindbild: „Erbsenzähler"
kommunikativ	Hilfsbereitschaft; Teamorientierung; bringt Dinge auf den Punkt; „Emotionale Kraft"	Konflikte suchen, statt sie zu vermeiden; Feindbild: „kalte Technokraten"

Auch wenn es kein ideales Teamprofil gibt, kann man doch feststellen:

- Je ähnlicher die Profile im Team sind, desto geringer ist die Wahrscheinlichkeit, dass ernsthafte Konflikte in der Gruppe entstehen. Allerdings sind die Chancen für einen kreativen Output eher bescheiden.

- Je unterschiedlicher die Profile im Team sind, desto höher ist die Wahrscheinlichkeit, dass ernsthafte Konflikte in der Gruppe entstehen. Allerdings sind die Chancen für einen kreativen Output hoch.

Beispiel:

Karin, Marion und Ralf studieren im sechsten Semester Betriebswirtschaft. Sie sind seit dem zweiten Semester unzertrennlich, nachdem sie sich in der Vorlesung über „Rechnungswesen und Controlling" kennen und schätzen gelernt haben. Im Rahmen des Seminars zur „Absatzwirtschaft" werden vom Dozenten Referatsthemen vergeben, die in Gruppen bearbeitet werden können. Karin, Marion und Ralf arbeiten natürlich zusammen. Ihre Aufgabe besteht darin, eine Fallstudie über die Anwendung des

Marketingmix in einem Dienstleistungsunternehmen abzufassen. Sie entwerfen einen Zeitplan und besorgen sich Literatur. Nach der dritten, zähen Sitzung kommen sie an einen toten Punkt. Ihr gemeinsamer Vorrat an Erfahrungen, Wissen und Ideen ist aufgebraucht. Ihre jeweilige Stärke als „kühle Rechner" hilft ihnen nicht weiter.

Da kommen Stefan und Jennifer auf sie zu und fragen, ob sie noch in das Thema einsteigen können. Stefan und Jennifer ignorieren alle bisherigen Analysen und Pläne von Karin, Marion und Ralf. Sie entwickeln spielerisch eine Vision für ihre Reinigungsfirma „Adrett & Schnell": Fullservice aus einer Hand für Haus, Garten und Auto innerhalb von zwei Stunden nach Anruf. Mit dieser Idee wirken sie wie Katalysatoren, und Karin, Marion und Ralf haben ihren toten Punkt bald überwunden.

Krieger oder Medizinmann? – Andere Rollen übernehmen

Nach der Formierungs- und der Orientierungsphase sollten die Teammitglieder untereinander ihre Rollen gefunden haben. Die Persönlichkeitsprofile und die Denk- und Problemlösungsstile sind in Aktion getreten. Man weiß, wie man den anderen einschätzen kann. Das schafft Vertrauen und Stabilität. Allerdings besteht auch die Gefahr, dass Teammitglieder in ihrer Rollenverteilung – je nach Temperament – in freundlicher Lethargie versinken oder sich wechselseitig blockieren. Durch das geeignete Teamtraining können Sie das Team in Schwung halten. Führen Sie Übungen durch, in denen jeder in die Rolle eines anderen schlüpfen muss, wie z.B. den „Rat der Häuptlinge".

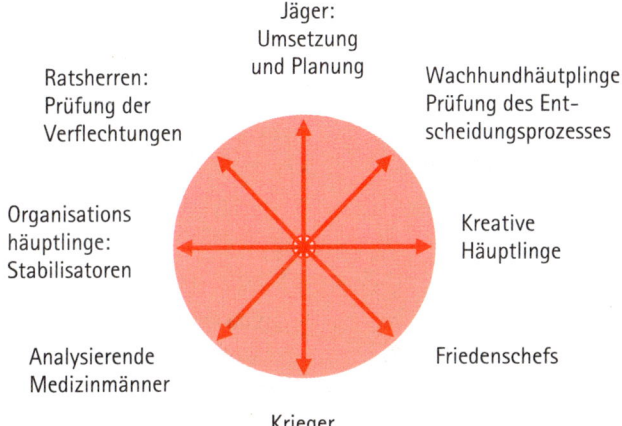

Jäger: Umsetzung und Planung

Ratsherren: Prüfung der Verflechtungen

Wachhundhäuptlinge: Prüfung des Entscheidungsprozesses

Organisations häuptlinge: Stabilisatoren

Kreative Häuptlinge

Analysierende Medizinmänner

Friedenschefs

Krieger

Der Rat der Häuptlinge

Der Rat der Häuptlinge

Von nordamerikanischen Indianerstämmen ist uns der „Rat der Häuptlinge" überliefert. Er setzt sich aus acht Teilnehmern zusammen – je einer pro Himmelsrichtung, Nord, Nordost, Ost, Südost, Süd, Südwest, West, Nordwest. Jeder Häuptling besetzt eine Himmelsrichtung und nimmt dementsprechend im Rat eine ganz bestimmte Rolle wahr.

Das Los entscheidet, wer aus dem Team für die Dauer der Übung welche Rolle übernimmt. Es wird ein tatsächlich im Team anstehendes Problem behandelt und die erarbeitete Lösung soll dann auch umgesetzt werden.

Teamtraining „Rat der Häuptlinge"

Warum?	Um die Rollenverteilung im Team aufzulockern; um unterschiedliche Perspektiven wahrzunehmen; um zu überprüfen, ob in der Teamarbeit auch immer alle Aspekte berücksichtigt werden.
Wann?	Im Verlauf eines Teamtrainings.
Wie?	Eine komplexe, ungelöste Frage aus der Teamarbeit wird beraten. Jedes Teammitglied behält für die Dauer der Beratung seine Rolle bei. Es soll ein ernsthaftes Beratungsergebnis erzielt werden. Anschließend wird gemeinsam geprüft, ob die Rollen, Fragen und Aspekte der „Häuptlinge" in der normalen Teamarbeit immer ausreichend besetzt sind bzw. berücksichtigt werden: • Ideenfindung und Kreativität • Kooperation nach außen mit anderen Teams • Starke Vertretung der eigenen Interessen nach außen • Analyse der Fakten • Innere Stabilität und Organisation • Analyse der Folge- und Nebenwirkungen • Planung und Umsetzung
Was ist zu tun?	Die Rollenverteilung wird ausgelost. Der Teamtrainer kann je nach Anzahl der Beteiligten mitspielen oder beobachten.

Rot oder blau? – Kreativität fördern

Wie oft werden zarte Ideenpflänzchen in Gruppen durch andere zerrupft oder platt gemacht, bevor sie, gewässert und gedüngt durch weitere Ideen, zeigen können, ob sie Blüten und Früchte tragen können.

Wer kennt sie nicht die typischen Killerphrasen, um sich mit neuen Ideen nicht auseinandersetzen zu müssen: „Dafür haben wir jetzt keine Zeit." „Das rechnet sich doch nicht!" „Das ist ja unrealistisch!" „Wir werden hier nicht für schöne Ideen bezahlt, sondern für knallharte Resultate." „Das ist ja in der Theorie ganz schön, eignet sich aber nicht für die Praxis." „Das haben wir doch alles schon mal gemacht und es hat auch nicht geklappt.", usw.

Das vorschnelle Aus für Ideen und kreative Lösungen geht häufig auf das Konto von Teammitgliedern, die sich ihres praktischen Verstands besonders rühmen. Auch notorische Bedenkenträger sind findig, wenn es darum geht, Ideen zu killen. Ob mit advokatischem Geschick oder sturem Beharren, die Kreativität im Team wird gebremst. Das Spiel mit De Bonos „Denkhüten" – hier aus praktischen Gründen „Denkkarten" – kann da weiterhelfen.

Teamtraining „Denkkarten"

Warum?	Um die Ideenfindung und Kreativität im Team zu fördern; um Denkblockaden und starres Beharren aufzulösen; um mehrdimensionales Denken zu fördern.
Wann?	Im Verlauf eines Teamtrainings, oder aber auch in der alltäglichen Arbeit, wenn sich Fronten verhärtet haben oder wenn das Team nach Ideen und Lösungen für ein Problem sucht.
Wie?	Der Teamtrainer verteilt die sechs Denkkarten. Aus der Teamarbeit heraus werden eine Idee oder ein Projektteil zur Diskussion gestellt. In gewissen Abständen tauschen die Teammitglieder die Karten untereinander aus. Jeder muss die Position vertreten, die mit der Farbe seiner jeweiligen „Denkkarte" verbunden ist.
Was ist zu tun?	Der Teamtrainer verteilt die Karten und bestimmt den Zeitpunkt des Wechsels. Vorübergehend kann er mitspielen, indem er die blaue Karte behält. Er achtet darauf, dass jeder einmal alle Farben vertritt. Nach einer Spielrunde äußert sich jeder zu seinen Erfahrungen.

Bei dieser Übung werden sechs Karten mit unterschiedlichen Farben ausgegeben. Die Bedeutung der Farben ist genau definiert: Weiß steht für Neutralität und das Sammeln von Informationen, Rot für Gefühl und Intuition, Braun steht für

Kritik und Vorsicht, Gelb für positives Denken und optimistische Unterstützung, Grün für Kreativität und schöpferische Weiterentwicklung von Ideen und schließlich Blau für Objektivität und ordnendes Zusammenführen der Ideen. Auch bei dieser Übung wird ein reales Problem oder Projekt der Gruppe verhandelt und das Ergebnis soll umgesetzt werden. Bei der Bearbeitung des Problems übernimmt jeder den Part, der seiner Karte entspricht – die Karten können in der Gruppe nach einiger Zeit ausgetauscht werden.

Vertrauen oder Misstrauen? – Fallstricke beseitigen

Stellen Sie sich vor, man fordert Sie auf, sich auf einen Tisch zu stellen, die Hände hinter dem Kopf im Nacken zu falten und sich rückwärts vom Tisch in die verschränkten Arme von vier anderen Personen fallen zu lassen. Was haben Sie dabei für Gefühle? Was denken Sie? Haben Sie Vertrauen in das Team?

Für Teams ist Vertrauen eine ganz entscheidende Produktivkraft. Vertrauen, wechselseitige Unterstützung und Loyalität kann man nicht verordnen. Man kann den Prozess aber durch vertrauensbildende Maßnahmen und Reflexion im Teamtraining fördern.

Teamtraining Vertrauensbildung

Warum?	Um die Bedeutung von Vertrauen für ein Team zu thematisieren und deutlich zu machen. Um bestehende Hindernisse für Vertrauen im Team aufzudecken. Um die Vertrauensbasis zu erweitern.
Wann?	Im Teamtraining, wenn die Bereitschaft vorhanden ist, auch „ans Eingemachte" zu gehen.
Wie?	Ein Teammitglied steigt auf den Tisch und lässt sich rückwärts in die Arme des Teams fallen. Teammitglieder mit verbundenen Augen werden von anderen Teammitgliedern durch schwieriges Gelände geführt. Eine Bergwanderung mit Nachtbiwak wird durchgeführt. Und andere Übungen mehr. Bei solchen spielerischen und sportlichen Aktionen muss man sich aufeinander verlassen können. Je nach den hier gemachten Erfahrungen wächst oder schwindet das Vertrauen untereinander.
Was ist zu tun?	Neben den vertrauensbildenden Maßnahmen ist es wichtig, dass der Teamtrainer die Reflexion über die Bedeutung von Vertrauen im Team anregt. Dazu wird auf einem Flipchart erarbeitet, was ein Vertrauensteam und ein Misstrauensteam voneinander unterscheidet.

Zwischenmenschliches Vertrauen bedeutet, dass wir uns nicht ständig mit möglichen Risiken beschäftigen müssen, die in unseren Beziehungen lauern. Wir sind frei, unserer Arbeit nachzugehen, zu genießen und schöpferisch tätig zu sein. Wo dagegen Misstrauen herrscht, werden wir befangen und sind unfrei. Bemühen Sie sich deshalb aktiv um ein Vertrauensklima in Ihrem Team.

Dramadreieck oder Powernetzwerk? – Psychospielchen aktiv vermeiden

Die labilen Entwicklungsphasen von Teams begünstigen die Entstehung unproduktiver „Psychokisten". Diese eher unbewussten Mechanismen werden dann destruktiv, wenn mehr Energie für die Inszenierung dramatischer Beziehungen aufgewandt wird als für den eigentlichen Output. Besonders anfällig sind Teams für die Spielvariante des sogenannten „Dramadreiecks".

Das Dramadreieck

Teammitglieder nehmen häufig typische psychologische Rollen ein oder werden in bestimmte Rollen gedrängt:

- Verfolger: „Verfolger" sehen ständig Fehler, Unzulänglichkeiten und Versäumnisse anderer. Sie suchen Sündenböcke bzw. Opfer.

- Opfer: Sie „ziehen sich den Schuh an", wenn sie mit kritischen Fragen, Missfallensäußerungen oder direkter Kritik konfrontiert werden; sie nehmen die Opferrolle an und fühlen sich zu Erklärungen und Entschuldigungen genötigt.

- Retter: Jetzt ist die Stunde der „Retter" gekommen. Sie versuchen zu beschwichtigen, stellen sich vor das Opfer und erklären, dass man die Dinge ganz anders betrachten müsse, ja, dass der „Verfolger" eigentlich das Problem sei, da er die Dinge falsch sehe.

Der Retter ist also unversehens in die Verfolgerrolle geschlüpft und der Verfolger wird zum Opfer. Das einstige Opfer aber steht vor der Wahl, als Beobachter zu fungieren, sich auch auf die Verfolgerspur zu setzen oder großherzig als Retter den einstigen Verfolger „in Schutz zu nehmen". Damit wäre dann schon eine neue Spielvariante eröffnet: Der verblüffte „Gerade noch Retter, jetzt Verfolger" wendet sich seinerseits gegen seinen ehemaligen „Schützling", usw. Sie erkennen leicht, dass diese Spielchen im Dramadreieck variantenreich und mit wechselnden Rollen unendlich fortgesetzt werden können – und zu nichts führen.

Die Spielchen im Dramadreieck haben aber neben dem unproduktiven Beziehungsaspekt auch eine ernst zu nehmende praktische Seite. Es geht um die Frage, wie wir mit Versäumnissen, Fehlern und Nachlässigkeiten Einzelner im Team umgehen. Deshalb müssen Teams ihre Binnenbeziehungen immer wieder kritisch prüfen, bestehende Dramadreiecke durchbrechen und ein produktives Powernetzwerk untereinander aufbauen. Powernetzwerk heißt

- Leistung und Output bestimmen das Handeln.
- Qualität und Schnelligkeit sind zentrale Ziele.
- Probleme werden untereinander sofort geklärt.

Teamtraining „Dramadreieck"

Warum?	Um unproduktive psychologische Spielchen im Team zu erkennen; um ein Powernetzwerk im Team aufzubauen.
Wann?	Im Teamtraining, wenn die Bereitschaft vorhanden ist, auch „ans Eingemachte" zu gehen.
Wie?	Das Dramadreieck wird an einem Beispiel erläutert. Anschließend schreibt jeder für sich die Namen aller Teammitglieder einschließlich seines eigenen auf und vermerkt dahinter, welche Rollen im Dramadreick von den Einzelnen gespielt werden. Dabei können selbstverständlich hinter jedem Namen mehrere Rollen genannt werden – das ist ja das Merkmal des Dramadreiecks. Anschließend wird das Ergebnis visualisiert, so dass jeder sieht, wie ihn die anderen sehen. Teamtrainer und Team suchen nun nach auffälligen Häufigkeiten. Nehmen Gruppenmitglieder mehr als andere die Verfolger-, Opfer- oder Retterrolle ein? Wenn ja, muss geklärt werden,

- wie die Rollenverteilung untereinander ist,
- in welchen Situationen dieses Beziehungsmuster entsteht,
- welche Probleme, Konflikte oder Ablenkungsmanöver sich dahinter verbergen können.

Was ist zu tun?	Nach der Anleitung und der Moderation regt der Teamtrainer an, Spielregeln aufzustellen, mit denen die Analyse von Fehlleistungen im Team und der Umgang untereinander bei persönlichen Fehlleistungen geregelt werden soll.

Folgende Spielregeln sollten Sie für ein Powernetzwerk in Ihrem Team festlegen:

Spielregeln Powernetzwerk

Bei unseren Teamsitzungen gibt es immer den Tagesordnungspunkt „Zur Lage".

- Jeder berichtet über den Stand seiner Arbeiten und nimmt zum Stand der Arbeit im Team Stellung.

- Wir suchen keine Sündenböcke, sondern gehen bei Problemen den Ursachen und Zusammenhängen nach.

- Bei Fehlern wird keiner „vorgeführt"; Fehlleistungen werden aber auch nicht unter den Teppich gekehrt.

Wadenbeißer oder Wettbewerber? – Die Teamarena realistisch einschätzen

Teams brauchen nicht nur ein produktives Klima innerhalb der Gruppe, auch ihr Verhältnis zu Schlüsselpersonen, Organisationseinheiten und anderen Teams sollte effektiv gestaltet sein. Wenn ein Team organisatorisch, fachlich und persönlich zusammenwächst, verändern sich auch die Beziehungen nach außen. Interner Wettbewerb tritt zurück, der Wettbewerb des Teams mit anderen Teams dagegen nimmt zu.

Beispiel:

Für eine Sportmannschaft ist der Ehrgeiz, besser zu sein als die anderen Mannschaften, aufzusteigen oder zumindest den Klassenerhalt zu sichern, Pflicht. Eine Vertriebsmannschaft steht im Wettbewerb mit anderen um Umsatz, Ertrag und Prämien. Produktionsteams wetteifern untereinander um Termintreue, geringe Fehlerquoten und Qualität. Auch Teams mit ähnlichen administrativen Aufgaben lassen sich an der Qualität und Quantität ihrer Leistung messen.

Individueller Wettbewerb wird zu Teamwettbewerb – das ist wichtig für die Teamentwicklung und den Teamerhalt. Denn ein gewisser Druck von außen erzeugt Zusammenhalt nach innen. Ein klares Feindbild kann helfen, sich ehrgeizige Ziele zu setzen, Kräfte zu bündeln und sich an ebenbürtigen Wettbewerbern zu messen. Das Motto der Fairness dabei: „Ihr seid o.k., wir sind o.k."

Die Beziehungen nach außen sind also wichtig, weil sie das Team motivieren. Steuern Sie also Fehlentwicklungen bewusst entgegen. Achten Sie darauf, dass das Gleichgewicht zwischen Selbst- und Fremdeinschätzung erhalten bleibt. Ob sich Ihr Team nun selbst oder das konkurrierende Team in den Himmel hebt – beiden Entwicklungen sollten Sie entgegenwirken. Gefährliche Tendenzen in dieser Hinsicht können Sie leicht erkennen: Wenn folgende Aussagen in Ihrem Team kursieren, sollten Sie eingreifen.

Das eigene Team wird überschätzt:

- „Die anderen spinnen ja alle."
- „Die anderen Teams arbeiten nicht. Sie wollen nur unsere Ergebnisse abkupfern."

Die anderen werden überschätzt:

- „So wie unser Team ist, werden wir immer schlechter sein als die anderen Teams."
- „Die ganze Mühe lohnt doch nicht; die anderen sind sowieso immer besser."

Das eigene und andere Teams werden abgewertet:

- „In diesem Laden klappt doch nichts außer den Türen. Ob wir uns anstrengen oder die anderen, es hat doch alles keinen Zweck."
- „Wen die Geschäftsführung in Projekte steckt, der ist sowieso abgeschrieben; die können mit uns nichts mehr anfangen."

Hinter solchen Äußerungen stehen Grundeinstellungen, die sehr schnell die Teamentwicklung stoppen und die Produktivität lähmen:

Unproduktive Grundeinstellungen

Grundeinstellungen	Auswirkungen
„Wir sind o.k., die anderen Teams sind nicht o.k.!"	Das Team isoliert sich, wird von Informationen abgeschnitten und macht nach kurzem Höhenflug eine Bruchlandung.
„Wir sind nicht o.k., die anderen Teams sind o.k.!"	Das Schielen zu anderen und der Versuch, es ihnen gleichzutun, verhindert die Entwicklung der Teamidentität und Leistungsstärke.

Grundeinstellungen	Auswirkungen
„Wir sind nicht o.k. und die anderen Teams sind auch nicht o.k.!"	Mutlosigkeit, mangelndes Selbstbewusstsein und quälende Selbstanalysen führen zum Exitus des Teams.

Wie kann man solchen Tendenzen wirksam begegnen? Ein Ansatz, sich als Team dem Wettbewerb pragmatisch zu stellen, besteht darin, die Arena, in der das Team mit anderen Teams zusammenarbeitet bzw. konkurriert, unter dem Aspekt des wechselseitigen Nutzens zu beschreiben.

Beispiel:

Die Zukunfts AG soll erfolgreicher werden. Der Vorstand hat deshalb entschieden, dass Mitarbeiter des Hauses in sogenannten internen Consultingteams in sechs Teilprojekten Verbesserungsvorschläge erarbeiten sollen. Das Marketingteam startet schnell, zielgerichtet und ohne sich viel um die anderen Teams zu kümmern. Doch nach vier Wochen verlässt die Gruppe das Gefühl, auf der Gewinnerstrecke zu sein und als erstes Team ins Ziel zu gehen. Ein Austausch mit andern Teams wäre zwingend erforderlich. Doch die anderen Teams haben sich mittlerweile untereinander abgeschottet. Jedes Team will dem Vorstand in drei Monaten besonders innovative Ideen präsentieren.

Ein Team, das – wie im Beispiel der Zukunfts AG beschrieben – aus der Konkurrenzsackgasse raus will, muss fragen, welchem Team es mit seiner Leistung nutzen kann und welches Team ihm mit seiner Leistung einen Nutzen bringt. So entsteht eine Wettbewerbsarena mit vier Aktionsfeldern. Es ist nun Aufgabe des Teams, das die Initiative ergreift, die geeigneten Kooperationsstrategien zu entwerfen und zu verfolgen.

Die Wettbewerbsarena

	Großer Nutzen der eigenen Teamleistung für das andere Team	Geringer Nutzen der eigenen Teamleistung für das andere Team
Großer Nutzen der anderen Teamleistung für das eigene Team	**Aktionsfeld I** Offensiv über eigene Arbeitsergebnisse berichten; die Bildung eines gemeinsamen Subteams anbieten; mögliche Synergien aufzeigen.	**Aktionsfeld II** Eigene Informationen zur Verfügung stellen; Methodenkompetenz anbieten; gezielte Interviews führen.
Geringer Nutzen der anderen Teamleistung für das eigene Team	**Aktionsfeld III** Eigene Informationen aktiv an das andere Team weitergeben. Methodenkompetenz des anderen Teams nutzen; Dokumentation der eigenen Arbeit vom anderen Team einfordern.	**Aktionsfeld IV** Keine Aktivitäten erforderlich.

Und so können Sie die Wettbewerbsarena im Teamtraining einsetzen:

Teamtraining „Wettbewerbsarena"

Warum?	Um psychologische Spielchen zu verhindern; um Wettbewerb als motivierende Kraft zu entdecken.
Wann?	Im Teamalltag, wenn aktuelle Probleme mit dem Teamumfeld bestehen; im Teamtraining im Rahmen strategischer Überlegungen.
Wie?	In das Vierfelderschema „Wettbewerbsarena" werden vom ganzen Team andere Organisationseinheiten und Teams aus dem Umfeld eingeordnet. Die jeweilige Strategie wird abgestimmt und Maßnahmen werden vereinbart.
Was ist zu tun?	Teamleiter/Teamtrainer nutzen das Flipchart, moderieren den Prozess; sie dokumentieren die konkreten Maßnahmen und Schritte, die aus den strategischen Überlegungen folgen.

Masse oder Klasse? – Die Teamidentität bestimmen

Wir unterscheiden Menschen nach der äußeren Erscheinung und dem, was sie tun und sagen. Je charakteristischer die Merkmale und Verhaltensweisen eines Menschen sind, desto unverwechselbarer ist er für uns. Je weniger differenziert und ausgeprägt Erscheinung und Verhalten einer Person sind, desto leichter geht sie für uns in der Masse unter.

Auch Unternehmen haben eine Art Persönlichkeit. Die äußere Erscheinung des Unternehmens, seine Produkte und Dienstleistungen machen das sogenannte Corporate Design aus, die wiedererkennbaren Verhaltensmuster von Mitarbeitern und Management untereinander und gegenüber Kunden und Lieferanten die Corporate Identity eines Unternehmens. Ein unverwechselbares Unternehmen hat den Vorteil, am Markt leichter wiedererkannt zu werden. Das erhöht die Absatzchancen und die Kundenbindung. Zugleich bietet eine starke Unternehmens*identität* für die Mitarbeiter die Chance, sich mit dem Unternehmen zu *identifizieren*.

Das Gleiche gilt auch für Teams:

- Eine klare Identität macht Teams nicht beliebig austauschbar und stärkt sie im Wettbewerb mit anderen Teams.
- Ein nach außen deutlich erkennbares Teamprofil stärkt das Wir-Gefühl aller Teammitglieder.

Ein nach außen erkennbares Teamprofil erreichen Sie freilich nur, wenn Sie im Team auch daran arbeiten. Im Teamtraining bietet sich dazu das Modell der Teamidentitäts-Pyramide an, die sich in fünf Stufen aufbaut.

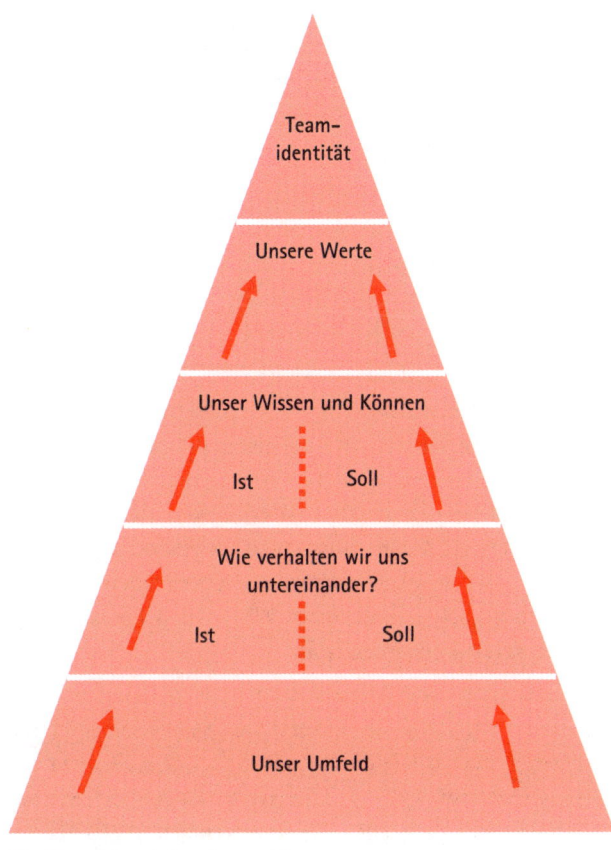

Die Teamidentitäts-Pyramide

1 Im ersten Schritt beschreibt das Team möglichst genau sein Umfeld und seine Rahmenbedingungen. Wer hat Einfluss auf das Team, wer fördert oder erschwert die Arbeit? Wie sind die Wechselbeziehungen zu anderen Personen und Gruppen?

2 Im nächsten Schritt stellen die Teammitglieder zusammen, wie sich die Rahmenbedingungen auf das konkrete Verhalten im Team auswirken, wie man miteinander umgeht und welche Verhaltensmuster sich herausgebildet haben. Diesem Istzustand stellen sie einen Sollzustand gegenüber. So konkret wie möglich werden nun Verhaltensspielregeln für die Zukunft definiert.

3 Im nächsten Schritt wird dokumentiert, welche Stärken das Team im Bereich von Wissen und Können hat und womit es sich von anderen unterscheidet. Auch hier wird dem Istzustand ein Sollzustand gegenübergestellt. So konkret wie möglich werden Maßnahmen definiert, wie im Team noch erforderliches Wissen und Können möglichst schnell erworben wird.

4 Einstellungen und Werte sind wichtige Bindemittel in der Teamentwicklung. Je größer der gemeinsame Vorrat, desto stärker die Teamidentität. Dabei geht es nicht nur um hehre moralisch-ethische Werte. Es geht um Einstellungen und Maßstäbe, die im jeweiligen Wirkungskreis eines Teams hohe Bedeutung haben, z. B.: sportlicher Ehrgeiz und sportliche Fairness, Streben nach Bestleistung, Technikbegeisterung, anderen Menschen helfen, sich einem kulturellen Gut verpflichtet fühlen, Natur aus ökologischer Überzeugung schützen wollen, ein gemein-

sames Glaubensbekenntnis teilen, sich einer fairen Geschäftspraxis verpflichtet fühlen usw.

5   Die erkennbare oder angestrebte Identität ist das Ergebnis der Schrittfolge von 1 bis 4. Versuchen Sie die eigene Identität als Markenzeichen bzw. Slogan zu verdeutlichen, z.B.:

– Wir sind ein Entdeckerteam!

– Wir sind Spitzenreiter in puncto Qualität!

– Wir helfen in unserem Stadtteil jedem, ohne Ansehen der Person!

– Für uns zählen nur sportliche Höchstleistungen!

– Uns kann man daran messen, dass wir jeden Kundenwunsch in 24 Stunden erfüllt haben!

– Wir sind unbürokratisch, kundennah und zugleich effizient!

Teamtraining „Teamidentitäts-Pyramide"

Warum?	Um nach innen und außen Möglichkeiten zur Identifikation zu bieten.
Wann?	Im Teamtraining, wenn das Team schon einige Zeit Erfahrung mit sich und dem Umfeld gesammelt hat.
Wie?	Die „Teamidentitäts-Pyramide" wird, ausgehend von der Basis „Unser Umfeld", in den o.g. fünf Schritten bearbeitet. Dabei werden Einflussfaktoren und das Ist und Soll der Verhaltensweisen, Fähigkeiten und Einstellungen so genau wie möglich beschrieben.

Was ist zu tun?	Teamleiter/Teamtrainer nutzen eine bespannte Pinnwand. Darauf wird die Team-Identitäts-Pyramide so groß abgebildet, dass in den einzelnen Feldern entweder beschriftete Karten eingefügt werden können oder handschriftliche Eintragungen möglich sind.

Wie Sie Ihr Team bei der Stange halten

Haben Teams erst einmal ein hohes Niveau in ihrer Leistung erreicht, gilt es, dieses Niveau möglichst zu halten. Die Leistungsbereitschaft eines Teams kann nur stabilisiert und aufrechterhalten werden, wenn das Team ausreichend Feedback und Anerkennung erhält.

Beispiel:

Besonders hautnahes Feedback erfahren Sportteams im Wettkampf. Das Eishockeyteam „Eisbär" wird im ersten Drittel bei gute Attacken von der Fangemeinde angefeuert. Zur Pause bei einem Rückstand von 0:3 gegenüber den Gästen werden die Eisbären mit Pfiffen bedacht. Im zweiten Drittel glänzt der Schlussmann der Eisbären durch perfekte Abwehrleistungen, was mit anerkennendem Applaus quittiert wird. Bei der vermeintlich ungerecht vom Schiedsrichter verhängten Auszeit für den Publikumsliebling der Eisbären gibt es Tumult. Im dritten Drittel gleichen die Eisbären aus, um dann mit 6:4 das Spiel unter Beifallsstürmen zu gewinnen. Die Spielanalysen und Bewertungen von Einzel- und Teamleistungen erfolgt tags darauf in den Sportgazetten. Dass der Erfolg im Übrigen durch Tor- und Siegprämien auch unmittelbar materiell honoriert wird, versteht sich von selbst.

Wie gelingt es nun bei Teams, die nicht im Rampenlicht stehen, die so wichtigen Feedbackprozesse zu organisieren?

Feedback innerhalb des Teams

Alle Phasen der Teamentwicklung und der Teamarbeit sind ohne ein hohes Maß an Offenheit und wechselseitigem Feedback undenkbar. Treten Störungen im Team auf, muss sofort gehandelt werden.

Es gibt Situationen, in denen ein Team intern klären muss, wie der individuelle Leistungsbeitrag gewertet wird. Wird z. B. mit dem Erreichen der Teamziele ein Bonuspool verbunden, steht das Team vor der Aufgabe der Verteilung. Sind Sie Teamleiter, ist es Ihr Job, dieses zu steuern. Sie und das Team haben drei Möglichkeiten:

- Der Teambonus wird in gleichen Teilen ausgezahlt. In einem funktionierenden Team gibt jeder sein Bestes. Also bedarf es keiner Unterscheidung bei der Ausschüttung des Bonus, „Schlechtleister" gibt es nicht – die mussten schon früher ihren Hut nehmen.

- Es wird eine „Rechnung aufgemacht", wem welcher Anteil vom Kuchen zusteht. Dieses ist dort möglich, wo auch die individuelle Leistung durch Ziele vereinbart und messbar ist. Doch Vorsicht! Mathematische Modelle, in denen der Zielerreichungsgrad ins Verhältnis zum Bonusanspruch gestellt wird, gaukeln Genauigkeit vor. Außerdem besteht die Gefahr, dass über den Streit um 150 Euro das Team zerbricht.

- Es wird der diesjährige Teamchampion gewählt, der einen Extrabonus verdient. Dieser Ansatz zielt darauf, dass alle

Teammitglieder ca. 90 % des auf sie entfallenden Bonus erhalten, aber 10 % in einen Sonderbonustopf abgehen. Durch offene oder geheime Abstimmung wird dann der „Teamchampion der Saison" gewählt, der sich in besonderer Weise um das Team verdient gemacht hat.

Das Ziel ist erreicht

Ziele sind Maßstab und Messlatte des Erfolgs von Teams. Das gilt sowohl für den inneren Dialog und das wechselseitige Feedback im Team als auch für die Leistungsbewertung von außen. Aufgabe des Teamleiters ist es, den Prozess der Erreichung von Meilensteinen und Zielen zu steuern. Aufgabe der für das Team verantwortlichen Führungskräfte und Auftraggeber ist es, das Ergebnis angemessen zu würdigen:

- Anerkennung und Dank aussprechen bei exzellenten Leistungen;
- Mut machen, wenn trotz großer Anstrengungen das Ziel verfehlt wurde;
- nüchtern eine Bestandsaufnahme und Analyse vornehmen, wenn Fehler des Teams das Ziel verfehlen ließen.

Stimmt die Teamleistung?

Ziele lassen sich durch Ergebnisse und an Resultaten messen. Aber gerade die Anstrengungen auf dem Weg zum Ziel führen durch so manches Jammertal. Umso wichtiger ist es, dem Team aus der Perspektive der Führungskraft bzw. des Auftraggebers eine Rückmeldung zu geben.

Aber nicht jedes Team lässt sich wie ein Eishockeyteam im Echteinsatz in allen Phasen beobachten. Deshalb müssen sich Führungskräfte an das halten, was sie sehen und als Zwischenergebnisse von Teams berichtet und präsentiert bekommen. Daraufhin können sie ihren Eindruck in Worte fassen und an den Teamsprecher bzw. das gesamte Team weitergeben. Unter dem Vorbehalt der wechselseitigen Überprüfung geben sie dem Team eine vorläufige Rückmeldung – nicht als Urteilsverkündung, sondern als Momentaufnahme. Dabei kann die folgende Checkliste behilflich sein, das Gespräch zu strukturieren:

Checkliste: Teamleistung

Teamleistung	Top	Gut	Mittel	Mäßig
Produktivität				
Qualität				
Initiative				
Kreativität				
Kooperation				
Interne Zusammenarbeit im Team				

Teamcoaching

Nach mühseliger Teambildung und Teamentwicklung ist das Team in seiner Hochleistungsphase. Der Teamleiter agiert glücklich, die Ziele sind klar und die Gruppenkonstellation ist ideal usw. Doch dann lässt die Teamleistung plötzlich nach. Was ist geschehen?

Hochleistungsteams sind wie Spitzensportler. Vom Erfolg verwöhnt und doch immer in dem Bewusstsein, in der nächsten Runde verlieren zu können, werden Ausdauer und Motivation auf eine harte Probe gestellt. Bei dieser Gratwanderung zwischen Erfolg und Misserfolg laufen Teams Gefahr, sich zwischen satter Selbstzufriedenheit und Absturzangst irrational zu verhalten.

Überhöhte Ziele

Durch den Erfolg verwöhnt und in Überschätzung der eigenen Möglichkeiten werden immer neue, überhöhte Ziele gesetzt. Irgendwann ist der Bogen überspannt. Die Erkenntnis, an die eigenen Grenzen gestoßen zu sein, führt nicht selten zu heftiger Frustration im Team. Bald beginnt die Suche nach dem Schuldigen für das Teamversagen. Ein Team, das nach Sündenböcken sucht, hat den Gruppenkonsens schon verloren und das Team stürzt ab.

Schlendrian reißt ein

Erfolgsgewohnte Teams verlassen sich zunehmend auf ihre Routine. In gewissem Umfang ist das auch berechtigt. Gesammelte Erfahrung zahlt sich dadurch aus, dass man nicht bei jeder neuen Aufgabe und in jeder Teamsituation das Rad neu erfinden muss. Eine gewisse Routine entlastet und ermöglicht, sich auf Wesentliches zu konzentrieren. Doch auch hier lauern Gefahren: Einzelne Teammitglieder ruhen sich auf ihrem Erfolg aus und nehmen es nicht mehr so genau mit den Vereinbarungen und den Terminen. Irgendwie wird es schon wie bisher weitergehen. Man verlässt sich darauf, dass die anderen ja auch noch da sind. Schließlich hat man ja bisher auch sein Bestes gegeben. Deshalb kann man seinen Beitrag und sein Engagement ruhig einmal – vorübergehend – etwas bremsen. Doch denken alle so, läuft bald nichts mehr. Wenn es dem Esel zu gut geht, kann das Team baden gehen.

Der Hamsterradeffekt

Wer kennt nicht diesen Effekt. Nach einem längeren Urlaub kehrt man an seine Arbeit zurück – und tut sich sehr schwer damit, wieder mit Schwung und Freude zur Tat zu schreiten. Es kommen Zweifel, ob das, was man da Tag für Tag tut, auch wirklich das Richtige ist. Nach einigen Tagen der Gewöhnung läuft es dann wieder rund und man hat und nimmt sich keine Zeit mehr, an seinem Tun zu zweifeln.

Gerade bei Hochleistungsteams mit immer neuen Aufgaben kann sich das Gefühl einschleichen, im Hamsterrad zu sitzen. Steigert sich ein Team aus diesem Gefühl heraus in einen dauerhaften Zweifel an dem Sinn des Seins, wird man konkrete Leistung von dieser Gruppe nicht mehr erwarten können.

So oder ähnlich können Hochleistungsteams in Gefahr geraten, das emotionale Gleichgewicht zu verlieren. Hier ist meist der Teamleiter als Teil des Teams überfordert. Gefragt ist ein Coach von außen, der die Problemstellungen von Teams kennt, Motivationsschwankungen ausgleicht und das Team zu stabilisieren hilft.

Wann Sie einen Coach einsetzen sollten

Coaching ist eine Form der Beratung und Unterstützung von Einzelpersonen und Gruppen bei fachlichen und emotionalen Problemstellungen.

Coaching ist ein Prozess. Ideal ist es, wenn ein Coach ein Team dauerhaft begleitet. Dabei muss der Zeitaufwand nicht sehr groß sein. Es reicht, wenn Coach und Team von Zeit zu Zeit zusammenkommen und sich austauschen. Ein erfahrener Coach wird dann erkennen, ob alles im grünen Bereich ist, ob einzelne Warnblinklampen leuchten oder aber ob ein Teamsupergau droht. Es können freilich auch einzelne Teammitglieder, der Teamleiter oder eine Führungskraft, die für das Team Gesamtverantwortung trägt, einen Coach anfordern.

Ein Coach für die Einzel- oder Gruppenberatung ist sinnvoll, wenn z. B.

- sich Anforderungen und Aufgaben im Team verändern;
- im Umfeld des Teams größere Organisationsveränderungen anstehen;
- es persönliche Entwicklungs- und Karrierefragen gibt;
- die Teammitglieder dauerhafte Konflikte untereinander austragen;
- Sättigungs- und Ermüdungserscheinungen auftreten;
- sich Gefühle der Über- oder Unterforderung einstellen;
- das Team zur Selbstüberschätzung neigt;
- sich Sinnkrisen im Team ausbreiten.

Methodisch ist diese Form des Coachings eine Kombination von

- nicht-direktiver Gesprächsführung
- und persönlicher oder fachlicher Beratung.

Nicht-direktive Gesprächsführung bedeutet für einen Coach,

- Teams oder einzelne Teammitglieder dazu zu ermutigen, das vorhandene Problem aus der eigenen Sicht so genau wie möglich und in allen Facetten darzustellen,

- zuzuhören und nachzufragen,

- die Gefühlslage des Gesprächspartners verständnisvoll zu spiegeln,

- Äußerungen des Gesprächspartners nicht zu bewerten, abzuwerten oder zu relativieren,

- nicht vorschnell Lösungen anzubieten.

Die persönliche Beratung besteht darin, dass ein Coach das Team bzw. einzelne Teammitglieder dazu anhält, ein Problem in drei Schritten zu bearbeiten:

1   Emotionale Klärung: Was bewegt uns/mich?

2   Rationale Klärung: Wie stellt sich bei kühler Betrachtung die Situation für uns/mich dar?

3   Mentales Programm: Was sind unsere/meine Ideen und Leitsätze, um das Problem zu überwinden?

Ein solcher Coachingprozess kann sich über einen längeren Zeitraum erstrecken. Letztendlich geht es darum, die Fähigkeiten im Team zu aktivieren, aus einer vorübergehenden Schieflage heraus wieder in eine stabile Teamsituation zu gelangen.

Wenn alle Stricke reißen – schnelle Krisendiagnose

Ein begleitendes Coaching ist die Luxusvariante, um ein Team in kritischen Situationen zu stabilisieren. Was ist aber, wenn alle Stricke reißen: Der Teamfrust nimmt zu, die Teamleistung nimmt ab und das Team weiß sich selbst nicht zu helfen.

Zur Schnelldiagnose hilft dann ein Teamfragebogen, mit dem fünf Problemdimensionen erfasst werden:

- Führung und Betreuung des Teams,
- Organisation, Ziele und verbindliche Ordnung,
- Qualifikation und Zusammensetzung,
- Kooperation, Vertrauen und Loyalität,
- Stellung des Teams in der Organisation.

Teamfragebogen

		Ja	Nein
1	Wir sind nicht klar von anderen abgegrenzt.		
2	Wir haben kaum Anerkennung von außen.		
3	Das Leistungsniveau ist sehr unterschiedlich.		
4	Die Qualität unserer Arbeit befriedigt nicht.		
5	Wir verlieren leicht die Orientierung.		
6	Die Zielsetzung für unser Team ist unklar.		
7	Nach außen werden wir schlecht vertreten.		
8	Es fehlen Spezialkenntnisse im Team.		
9	Der Teamleiter agiert zu wenig situativ.		
10	Unsere Absprachen sind sehr lau.		
11	Unsere Diskussionen finden kein Ende.		

		Ja	Nein
12	Unsere Arbeit interessiert andere nur wenig.		
13	Es fehlt die Bereitschaft, dazuzulernen.		
14	Es gelingt uns nicht, uns selbst zu steuern.		
15	Es fehlt an Methodenkompetenz.		
16	Im Team tut jeder, was er will.		
17	Wir klären die Beziehungen im Team nicht.		
18	Einige werden den Aufgaben nicht gerecht.		
19	Die Fähigkeit Probleme zu lösen, ist gering.		
20	Andere haben keine hohe Meinung von uns.		
21	Es fehlt an Koordination.		
22	Neu ist der Name, alt sind die Strukturen.		
23	Es werden keine Entscheidungen gefällt.		
24	Es fehlt an Offenheit und Feedback.		
25	Wir haben keinen festen Zeitplan.		
26	Einige verfolgen Ihre eigenen Ziele.		
27	Unser Team müsste erweitert werden.		
28	Wir tauschen uns kaum mit anderen aus.		
29	Als Team ziehen wir meist den Kürzeren.		
30	Die Stellung in der Organisation ist unklar.		
31	Einige orientieren sich mehr nach außen.		
32	Die meisten halten sich sehr bedeckt.		
33	Wir sind nicht sehr effizient.		

		Ja	Nein
34	Kreative Ideen werden schnell abgewürgt.		
35	Gäbe es uns nicht, würde es keiner merken.		
36	Einigen fehlt die Fähigkeit zur Teamarbeit.		
37	Erfolgskontrollen finden nicht statt.		
38	Es gibt keinen, der einem persönlich hilft.		
39	Es bilden sich Untergruppen und Intrigen.		
40	Der Teamzweck ist den meisten unklar.		
41	Unser Team ist einseitig ausgerichtet.		
42	Die Fluktuation ist zu groß.		
43	Ergebnisse werden nicht dokumentiert.		
44	Wir wissen sehr wenig voneinander.		
45	Konflikte werden nicht ausgetragen.		
46	Wir haben wenig Vertrauen in das Team.		
47	Uns fehlen klare Abläufe zur Orientierung.		
48	Manche Mitglieder reden kaum miteinander.		
49	Die Planung ist sehr unverbindlich.		
50	In der Organisation sind wir Exoten.		

Und so wird's gemacht

Jedes Teammitglied füllt für sich den Fragebogen aus. Im Auswertungsschema finden Sie die Nummern der Fragen. Machen Sie bei all den Nummern ein Häkchen, die Sie mit

„Ja" beantwortet haben und tragen Sie die Anzahl der Häkchen pro Zeile in das Summenfeld rechts ein. Die Auswertung erfolgt erst einzeln, dann werden die Ergebnisse aller Teammitglieder addiert. So erhalten Sie eine Rangfolge der Probleme. In den Bereichen, in denen die meisten Fragen mit Ja beantwortet wurden, liegt der größte Handlungsbedarf. Je nach Brenzligkeit der Situation, wird die Auswertung entweder durch einen Coach oder aber durch das Team selbst durchgeführt.

Auswertung

Problem-dimensionen	Nr. der Fragen	Σ
Führung/Betreuung des Teams	5 7 9 11 14 16 21 23 26 38	
Organisation, Ziele, Verbindlichkeit	6 10 25 33 37 40 42 43 47 49	
Qualifikation und Zusammensetzung	3 4 8 13 15 18 19 27 36 41	
Kooperation, Vertrauen, Loyalität	17 24 31 32 34 39 44 45 46 48	
Stellung des Teams in der Organisation	1 2 12 20 22 28 29 30 35 50	

Wie geht man mit den Ergebnissen um?

Ist der Mittelwert aller Nennungen kleiner 5 oder 5, kann schon ein offenes Gespräch Ihrem Team helfen. Ist der Mittelwert jedoch größer als 5, sind folgende Maßnahmen erforderlich:

1   Führungsdefizite: Eine Führungskraft oder ein Coach müssen einbezogen werden. Zu klären ist, ob Team und Teamleiter noch eine Chance zur Zusammenarbeit sehen oder nicht.

2   Organisationsdefizite: Auch hier ist in erster Linie zu prüfen, ob die Teamleitung ihre Aufgaben wahrgenommen hat. Liegt das Schwergewicht der Nennungen bei der 1. und 2. Dimension, dann ist das ein sicherer Hinweis darauf, dass der Teamleiter ausgewechselt werden muss.

3   Qualifikationsdefizite: In der 1. und 2. Phase der Teamentwicklung wurden Fehler gemacht. Es wurde darauf vertraut, dass die Qualifikationsdefizite ausgeglichen werden. Möglicherweise müssen Teammitglieder ausgewechselt werden.

4   Kooperationsdefizite: Hier ist zu klären, ob diese Probleme aktuell, aus besonderem Anlass entstanden sind oder bislang nur übersehen wurden. In beiden Fällen empfiehlt es sich, kurzfristig ein Teamtraining anzuberaumen.

5   Unzureichende Positionierung des Teams in der Organisation: Hier sind u. a. die verantwortlichen Führungskräfte aufgefordert, die Schnittstellen des Teams innerhalb der Organisation zu klären und seinen Auftrag und seine Position gegenüber anderen Teams deutlich zu machen.

Impressum

Bibliografische Information der Deutschen Nationalbibliothek
Die Deutsche Nationalbibliothek verzeichnet diese Publikation in der Deutschen Natio-
nalbibliografie; detaillierte bibliografische Daten sind im Internet über
http://www.d-nb.de abrufbar.

Print: ISBN: 978-3-648-02887-2 Bestell-Nr.: 01320-0001
ePub: ISBN: 978-3-648-02888-9 Bestell-Nr.: 01320-0100
ePDF: ISBN: 978-3-648-02889-6 Bestell-Nr.: 01320-0150

Thomas Daigeler, Prof. Dr. Wolfgang Krüger
Führen
1. Auflage 2012

© 2012, Haufe-Lexware GmbH & Co. KG, Munzinger Straße 9, 79111 Freiburg
Redaktionsanschrift: Fraunhoferstraße 5, 82152 Planegg/München
Telefon: (089) 895 17-0
Telefax: (089) 895 17-290
Internet: www.haufe.de
E-Mail: online@haufe.de
Redaktion: Jürgen Fischer

Lektorat: Sylvia Rein, Dr. Ute Gräber-Seißinger, Gisela Fichtl, Dr. Ilonka Kunow
Satz: Beltz Bad Langensalza GmbH, 99947 Bad Langensalza
Umschlag: Kienle gestaltet, Stuttgart
Druck: CPI - Ebner & Spiegel, Ulm

Autoren

Thomas Daigeler

arbeitet seit 1986 als Personalentwickler, Berater und Trainer. Schwerpunkte seiner Tätigkeit sind Führungskräfteentwicklung, Mitarbeiter-Jahresgespräche, Teamarbeit, Konfliktmanagement und Moderation. Er ist Gesellschafter der IOS-Organisationsberatung in München und Senior-Berater der Haufe Akademie in Freiburg.

E-Mail-Kontakt: t.daigeler@ios-muenchen.de

Von Thomas Daigeler stammt der erste Teil dieses Buches.

Prof. Dr. Wolfgang Krüger

lehrt Unternehmensführung, Selbstmanagement und Selbstmarketing an der Fachhochschule des Mittelstandes (FHM) in Bielefeld und ist als Managementberater tätig.

Anschrift: Dr. Krüger Managementberatung, Flüggestr. 8A, 30161 Hannover.

E-Mail: drkrueger.mb@t-online.de

Von Prof. Dr. Wolfgang Krüger stammt der zweite Teil dieses Buches.

Weitere Literatur

„Teams führen", von Dr. Rainer Niermeyer, 221 Seiten, 29,95 EUR, ISBN 978-3-648-02455-3, Bestell-Nr. 01312

„Das Projektteam", von Dr. Marcus Heidbrink, 186 Seiten, 19,80 EUR, ISBN 978-3-448-09349-0, Bestell-Nr. 00112

„Projektmanagement" von Thorsten Reichert, 208 Seiten, EUR 19,80, ISBN 978-3-648-01114-0, Bestell-Nr. 00110

„Neu als Chef", von Thomas Augspurger, 128 Seiten, 6,90 EUR, ISBN 978-3-648-01787-6, Bestell-Nr. 00374